事物掌故丛谈

校订本 ㊁辛

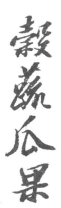

# 谷蔬瓜果

杨荫深 编著



上海辞书出版社

# 引　言

谷蔬瓜果，皆为吾人日常所见的植物，同时都可供我们食用。依植物学家的分类，这样方法是不妥当的，但如照园艺学家来说，那分类未始不对。其实我们所谈的是掌故，以我国过去的习惯，谷蔬瓜果都可自成为一类，所以书内所分，全无什么根据，只依过去的习惯而已。这一点是须在这里先为声明一下的。

也因为这里所说的只是掌故，所以不像植物学书专讲它们的形态怎样；也不像园艺学书专讲它们应当怎样栽培。这里所说的，只是它们怎样的由来，何以有这样的名称，以及它们的种类而已。间亦叙述一些关于它们有趣的故事，但这是少得很；为了它们而闹成笑话，终究是少有的。

像这样的资料，在我国旧籍里实不多见。这里特别引用得多的是明时李时珍所著的《本草纲目》，虽然这是一本药物的书，但也颇能研究到它们的由来和种类的，而且大多根据事实，不尚空谈，所以如清之吴其濬《植物名实图考》，近人杜亚泉氏所辑的《植物学大辞典》，无不加以引证，本书当然也不能例外。这实在是我国一部博物大辞书，在学术界里应占重要的地位。这一点也得在这里声明一下的。

写这样的掌故，在著者还是第一次的尝试，坊间也没有这类的书出版过，简陋谬误，自知不免，只好有待于异日的补正了。

杨荫深　一九四五年三月二十二日于海上

# 目录 CONTENTS

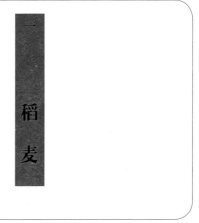

# 一 稻麦

Rice and Wheat

好雨知时节

稻为五谷之一。说起谷，古来就有三谷、五谷、六谷、九谷、百谷诸称，如《格致总论》云：

> 谷，种之美者也。其为种也不一，考之前载，有言三谷者，粱稻菽是也；有言五谷者，麻黍稷麦菽是也；有言六谷者，稻黍稷粱麦苽是也；有言九谷者，稷秫黍稻麻大小豆大小麦是也；有言百谷者，又包举三谷各二十种者为六十，蔬果之实助谷各二十是也。

按：郑玄注《周礼》谓三谷黍、稷、稻，五谷黍、稷、菽、麦、稻，与上述有异；又有四谷黍、稷、稻、麦。晋崔豹《古今注》又谓九谷黍、稷、稻、粱、三豆、二麦，亦与上述不同。盖此种总称，大抵为后人随意掇合，原无定例可言。惟五谷中无稻，则实不可通，故当以郑说为是。

**稻麦**　稻字从禾从舀，舀象人在臼上治稻之义。种类殊多，但大别之则为粳糯两种。再由此两种分歧而出，据古籍所载约近百种。

稻字从禾从舀，舀象人在臼上治稻之义。种类殊多，但大别之则为粳糯两种。再由此两种分歧而出，据古籍所载约近百种，如明徐光启《农政全书》云：

黄省曾《理生玉镜》曰：稻之粒其白如霜，其性如水。《说文》谓之『稌』，沛国谓之『粳』。以黏者谓之『糯』，亦谓之『秫』；以不黏者谓之『秔』，亦谓之『粳』。故氾胜之云：『三月而种秔，四月而种秫。』然皆谓之稻也。《鲁论》之『食夫稻』，粳也。《月令》之秫稻，糯也。糯无芒，粳有芒。粳之小者谓之『秈』，秈之熟也早，故曰『早稻』；粳之熟也晚，故曰『晚稻』。京口大稻谓之粳，小稻谓之秈。其粒细长而白，味甘而香，九月而熟，是谓稻之上品，曰『箭子』。其粒大而芒红皮赤，五月而种，九月而熟，谓之『红莲』。其粒尖色红而性硬，四月而种七月而熟，曰『金城稻』，是惟高仰之所种，松江谓之『赤米』，乃谷之下品。其粒长而色斑，五月而种九月而熟，松江谓之『胜红莲』。性硬而皮茎俱白，谓之『稺种稻』。其粒大色白，秆软而有芒，谓之『雪里拣』。其粒白无芒而秆矮，五月而种九月而熟，谓之『师姑秔』，《湖州录》云：『言其无芒也。』四明谓之『矮白』。其粒赤而稃芒白，五月初而种八月而熟，谓之『早白稻』，松江谓之『小白』，四明谓之『细白』。九月而熟谓之『晚白』，又谓『芦花白』，松江谓之『大白』。其三月而种六月而熟，谓之『麦争场』。其再莳而晚熟者，谓之『乌口稻』。在松江色黑而能水与寒，又谓之『冷水结』，是为稻之下品。其粒白而大，四月而种八月而熟，谓之『中秋稻』。在松江八月望而熟者，谓之『早中秋』，又谓之『闪西风』。其粒白而谷紫，五月而种九月而熟，谓之『紫芒稻』。其秀最易谓之『下马看』，又谓之『三朝齐』，《湖州录》云：『言其齐熟也。』其在松江粒小而性柔，有红芒白芒之等，七月而熟曰『香秔』。其粒小色斑，以三五十粒入他米数升炊之，芬芳馨美者，谓之『香子』，又谓之『香櫑』。其粒长而酿酒倍多者，谓之『金钗糯』。其色白而性软，五月而种十月而熟，曰『羊脂糯』。其芒长而谷多白斑，五月而种九月而熟，谓之『胭脂糯』，太平谓之『朱砂糯』。其白斑五月而种十月而熟，谓之『虎皮糯』，太平又云『厚稃红』。黑斑而芒，其粒最长，白稃而有芒，四月而种七月而熟，谓之『赶陈糯』，太平谓之『赶不着』，亦谓之『秈糯』。其粒大而色白，四月而种九月而熟，谓之『矮糯』。其稃黄而芒赤，已熟而秆微青，布宜良田，四月而种九月而熟，谓之『青秆糯』。其粒大而色白芒长，而熟最早，其色易变，而酿酒最佳，谓之『芦黄糯』，湖州谓之『泥里变』，言其不待日之晒也。其粒圆白而稃黄，大暑可刈，其色难变，不宜于酿酒，谓之『秋风糯』，可以代粳而输租，又谓之『瞒官糯』，松江谓之『冷粒糯』。其不耐风水，四月而种八月而熟，谓之『小娘糯』，譬闺女然也。其在湖州色乌而香者，谓之『乌香糯』。其秆挺不仆者，谓之『铁梗糯』。芒如马鬃而色赤者，谓之『赤马鬃糯』。其粒小而色白，四月而种六月而熟，谓之『六十日稻』，又迟者谓之『八十日稻』，又迟者谓之『百日赤』。而毗陵小稻之种，亦有『六十日秈』『八十日秈』『百日秈』之品，而皆自占城来，实赖水旱而成实，作饭则差硬。宋氏使占城珍宝易之，以给于民者。在太平六十日秈谓之『拖犁归』。有赤红秈，有百日秈，俱白稃而无芒，或七月或八月而熟，其味白淡而红甘。在闽无芒而粒细，有六十日可获者，有百日可获者，皆曰『占城稻』。其已刈而根复发苗再实者，谓之『再熟稻』，亦谓之『再撩』。其在湖州，一穗而三百余粒者，谓之『三穗子』。

按：其中占城稻据宋罗愿《尔雅翼》云：

今江浙间有稻粒稍细，耐水旱而成实早，作饭差硬，土人谓之『占城稻』，云始自占城国有此种。真宗闻其耐旱，遣以珍宝求其种，始植于后苑，后在处播之。按：《国朝会要》，大中祥符五年遣使福建取占城禾，分给江淮两浙漕，并出种法，令择民田之高者分给种之，则在前矣。

是始于占城国。占城在今越南,今又称之为“洋籼”。惟如《农政全书》所说:

贾氏《齐民要术》著旱稻法颇详,则中土旧有之,乃远取诸占城者何也?贾故高阳太守,岂幽燕之地自昔有之,尔时南北隔绝,无从得邪?抑北魏时有之,后绝其种邪?今北土种者甚多,畿内种推平峪,山东推沂州,不啻新城粳稻矣。

则中国古时似也有此种的。惟江浙之间,实为真宗所移植,当无疑义。其实稻种之多,据现在农业家研究,至少在一千余种,那真是洋洋大观,非我们所能胜述了。

至于稻的原产地究在何方,这是各有各的说法,如近人原颂周《中国作物论》云：

> 稻英名芮斯（Rice），与梵语芮衣（Vrihi）相近，疑欧洲之稻始由印度传入。惟稻之原产地究竟出于印度与否，尚未可知。有谓中国神农时已植稻者，然神农建都河洛，气候严寒，不宜于稻耕种，稻似非始自神农；惟征诸《史记·夏本纪》：『禹令益予众庶稻，可种卑湿。』是稻为夏以前所有，确无疑义。抑又闻之，暹罗英名为Siam，音近粘秈，而不黏之稻曰粘曰秈，想是Siam音之转，则谓粘稻发源暹罗，亦属可信。因思《说文》言『沛国谓稻曰穤』，疑吾国初植之稻为糯种，粘稻乃其后起欤？

此种推测，或较可信，盖稻实为温热带植物，不适于北方寒冷之地种植，今日如此，古时当亦不能例外的。

麦亦为五谷之一，而其重要与稻相等，盖我国人南方大多食稻米，而北方则多食麦粉。

麥字从来从夊，来象其实，夊象其根。今多简作从夹从夕，实非。又古称小麦为来，如《诗·思文》“贻我来牟”，此来即小麦，牟为大麦，今字又加麦旁而作麳

麦为我国原产，此殆无复疑义。盖我国发源于黄河流域，为种麦最适宜之地。天赐之说，亦即由此而来，以其并非外方传入，随人种而俱来，故无以称之，称之为“来”。

麳。其实古人之意，以麦为天所赐来，故称为来，《说文》所谓“麦天所来也”。后世遂又借作来往的来了。

麦有小麦与大麦两种，此外尚有雀麦、荞麦，如明宋应星《天工开物》云：

凡麦有数种，小麦曰『来』，麦之长也。大麦曰『牟』曰『穬』，杂麦曰『雀』曰『荞』，皆以播种同时，花形相似，粉食同功，而得麦名也。四海之内，燕秦晋豫齐鲁诸道，烝民粒食，小麦居半，而黍稷稻粱仅居半。西极川云，东至闽浙，吴楚腹焉，方长六千里中，种小麦者二十分而一，磨面以为捻头环饵馒首汤料之需，而饔飧不及焉。种余麦者五十分而一，闾阎作苦以充朝膳，而贵介不与焉。『穬麦』独产陕西，一名『青稞』，即大麦，随土而变，而皮成青黑色者，秦人专以饲马，饥荒人乃食之。『雀麦』细穗，穗中又分十数细子，间亦野生。『荞麦』实非麦类，然以其为粉疗饥，传名为麦，则麦之而已。凡北方小麦历四时之气，自秋播种，明年初夏方收。南方者种与收期时日差短。江南麦花夜发，江北麦花昼发，亦一异也。大麦种获期与小麦相同。荞麦则秋半下种，不两月而即收，其苗遇霜即杀，邀天降霜迟迟，则有收矣。

麦为我国原产，此殆无复疑义。盖我国发源于黄河流域，为种麦最适宜之地。天赐之说，亦即由此而来，以其并非外方传入，随人种而俱来，故无以称之，称之为“来”。

麦为古时主要粮食之一，所以如董仲舒说汉武帝云：“《春秋》它谷不书，至于麦禾不成则书之。以此见圣人于五谷最重麦与禾也。”（《汉书·食货志》）可知当时重视的一斑。故如麦秀两穗三穗，辄有献瑞麦之举，而史书为之记载，以为祥瑞之征。其实这也是平常得很，正如双生胎一样，没有什么特别可言的。

# 二 粱黍稷菰



Sorghum, Broomcorn Millet, Millet and Chinese Wild Rice

粱今又称为粟。粱之称粱，解释甚多，如明李时珍《本草纲目》云：

粱者，良也，谷之良者也；或云种出自粱州；或云粱米性凉，故得粱名：皆各执己见也。粱即粟也，考之《周礼》九谷六谷之名，有粱无粟可知矣。自汉以后，始以大而毛长者为粱，细而毛短者为粟，今则通呼为粟，而粱之名反隐矣。今世俗称粟中之大穗长芒，粗粒而有红毛白毛黄毛之品者，即粱也，黄白青赤亦随色命名耳。

粱虽有黄白青赤之分，而要以黄粱为最上品，赤粱最下。如宋罗愿《尔雅翼》云：

粱有三种：『青粱』壳穗有毛，粒青，米亦微青而细于黄白米也。夏月食之，极为清凉，但以味短色恶，不如黄白粱，故人少种之，亦早熟而收少，作饧清白胜余米。『黄粱』穗大毛长，壳米俱粗于白粱而收子少，不耐水旱，食之香味逾于诸粱，人号为『竹根黄』。『白粱』穗亦大，毛多而长，壳粗扁长，不似粟圆，米亦白而大，其香美为黄粱之亚。古天子之饭所以有白粱黄粱者，明取黄白二种耳。

此仅言三种，至赤粱据元王祯《农书》云："其禾茎叶似粟，粒差大，其穗带毛芒，牛马皆不食，与粟同时熟。"

粱在古时亦认为美食，常与稻并称为“稻粱”，如《诗·鸨羽》：“王事靡盬，不能蓺稻粱。”又《仪礼·公食大夫礼》：“宰夫膳稻于粱西。”膳为进，进稻于粱之西，是以稻粱并列了。又《礼记·曲礼》：“岁凶，大夫不食粱。”是粱可认为美食无疑，故岁凶连大夫也不能食了。据注谓：“大夫食黍稷，以粱为加，故凶年去之也。”即此可知大夫连平时也不常食粱的。

青粱据唐孟诜《食疗本草》说，尚有辟谷的效力。他说：“青粱米可辟谷，以纯苦酒浸三日，百蒸百晒藏之，远行日一飧之，可度十日，若重飧之，虽八九十日不饥也。”这未免是神话，所以李时珍以为：“《灵宝五符经》中，白鲜米九蒸九暴，作辟谷粮，而此用青粱米，未见出处。”其实辟谷之说，只是道家惑众说法而已，断无有此理的。

黍稷古多并称，但古或以为二物，或以为一类，如明宋应星《天工开物》云：

凡黍与稷同类。黍有黏有不黏，黏者为酒；稷有粳无黏。黍色赤白黄黑皆有，而或专以黑色为稷未是。至以稷米为先他谷熟，堪供祭祀，则当以早熟者为稷，则近之矣。

此虽云同类，但仍为二物，只是相似而已。又如明李时珍《本草纲目》云：

稷与黍，一类二种也，黏者为黍，不黏者为稷。稷可作饭，黍可酿酒，犹稻之有粳与糯也。陈藏器独指黑黍为稷，亦偏矣。稷黍之苗似粟而低小有毛，结子成枝而殊散，其粒如粟而光滑。三月下种，五六月可收，亦有七八月收者。其色有赤白黄黑数种，黑者禾稍高。今俗通呼为黍子，不复呼稷矣。

此则以黍稷为一类，其分黍稷，犹稻之分粳糯而已。

黍字从禾入水，许慎《说文》引孔子说“黍可为酒”，故黍字作禾入水以会意；又因大暑而种，故字读暑音。稷则从禾从畟，畟音即，谐声；又进力治稼之意，《诗》所谓“畟畟良耜”是也。又南人呼黍为穄，是谓其米可供祭祀，故从禾从祭。如“芦穄”实即蜀黍，南人以其形似芦，故名。今北人又称为高粱，即用以制高粱酒的。又有一种“芦粟”，虽名为粟而实非粟类，为芦穄的变种，茎中含有多量的砂糖，可供食用及制糖的原料。此外尚有“玉蜀黍”，今俗称苞米、珍珠米，亦称六谷，意谓五谷之外，又多此一谷。原产北美，其移植于我国，大约犹在明时，故明以前无闻。明李时珍《本草纲目》云：“玉蜀黍种出西土，种者亦罕，其苗叶俱似蜀黍而肥矮。苗心别出一苞如棕鱼形，苞上出白须垂垂，久则苞拆子出，颗颗攒簇。子亦大如粽子，黄白色，可炸炒食之。”因其形似蜀黍，子又黄白如玉，所以称为玉蜀黍罢！又因其外有苞，故称苞米。此外据《群芳谱》所载，又有御麦、番麦之称；《农政全书》所载，又有玉米、玉麦、玉蜀秫之称；盖本从他地移种而来，其称米称麦，都是借名而已。

菰本作苽，古以为六谷之一，故亦属于谷类。又有“茭”“蒋”之称，见《说文·广雅》，所以宋罗愿《尔雅翼》云：

苽者，蒋草也，生水中，叶如蔗荻，江南人呼为『茭草』，刈以饲马甚肥。……古者食医会六谷六牲之宜，则牛宜稌，羊宜黍，豕宜稷，犬宜稻，雁宜麦，鱼宜苽。释者以为牛味甘平，羊甘而熟，稻与黍苦而温；豭酸而牝苦，稷以甘济之，皆甘苦相成。犬酸而温，粱甘而微寒；雁甘而平，大麦酸温，小麦如粱，亦气味之相成者。鱼族甚多，寒热酸苦兼有，而云宜苽者，或同是水物相宜。……此米一名『雕胡』，故宋玉赋云：『为臣炊雕胡之饭，烹露葵之羹。』又枚乘《七发》云：『楚苗之食，安胡之饭，抟之不解，一啜而散。』或曰『安胡』，亦雕胡也。古人以为美馔，今饥岁犹采以当粮，然不知贵。

按：上所谓“食医”，见于《周礼·天官》及《礼记·内则》，盖古时人君燕食所用，其贵可知。今则亦如宋时，视菰米仅为救荒之用，无有作为饭食的。其米又称为“雕胡”，实为雕菰的讹称，明李时珍《本草纲目》云：

菰本作苽，茭草也。其中生菌如瓜形可食，故谓之『苽』。其米须霜雕时采之，故谓之『雕苽』，或讹为『雕胡』，枚乘《七发》谓之『安胡』，《尔雅》『啮雕蓬荐黍蓬』也；孙炎注云『雕蓬即茭米，古人以为五饭之一』者。

至现在人所食的，则为其中的芽，即俗称茭白，或名茭笋，诚如宋苏颂《本草图经》所云：

菰根江湖陂泽中皆有之，生水中，叶如蒲苇，刈以秣马甚肥。春末生白茅如笋，即菰菜也，又谓之『茭白』，生熟皆可啖，甜美。其中心如小儿臂者，名『菰手』，作菰首者非矣。《尔雅》云：『出隧蘧蔬。』注云：『生菰草中，状似土菌，江东人啖之甜滑。』即此也，故南方人至今谓菌为菰，亦缘此义。

# 三 豆菽花生

Beans and Peanuts

豆古称为菽，汉以后方呼为豆，见宋姚宏《战国策》注。菽字本作尗。明李时珍《本草纲目》云：“豆，皆荚谷之总称也。篆文尗，象荚生附茎下垂之形，豆象子在荚中之形。《广雅》云，大豆，菽也，小豆荅也。”是又以菽为大豆的别称。盖古时称菽大多指为大豆，然普通实以菽为豆的总名，与豆意同。

豆的种类很多，后魏张揖《博雅》有：“大豆菽也，小豆荅也，毕豆豌豆留豆也，胡豆䜶𧀒也，巴菽巴豆也。”可知在其时有五种之多。至明宋应星《天工开物》，则述豆重要的有下列十种：

凡菽种类之多，与稻麦相等。一种『大豆』有黑黄两色，下种不出清明前后。一种『绿豆』圆小如珠，必小暑方种。一种『豌豆』有黑斑点，形圆同绿豆，而大则过之，其种十月下，来年五月收。一种『蚕豆』其荚似蚕形，豆粒大于大豆，八月下种，来年四月收。一种『小豆』，赤小豆入药有奇功，白小豆（一名饭豆）当飧，助嘉谷，夏至下种，九月收获。一种『穞豆』，古者野生田间，今则北土盛种，成粉荡皮，可敌绿豆。

**豆类** 豆的种类很多，后魏张揖《博雅》有：“大豆菽也，小豆荅也，毕豆豌豆留豆也，胡豆䖯䜴也，巴菽巴豆也。”可知在其时有五种之多。

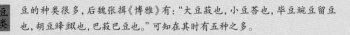

一种『白藊豆』乃沿篱蔓生者，一名蛾眉豆。其他『豇豆』『虎斑豆』『刀豆』与大豆中分青皮褐色之类。间繁一方者，犹不能尽述，皆充蔬代谷以粒烝民者。

可知又较前时为夥了。惟豇豆实即胡豆之别称，说详后。

现在先从大豆说起。大豆古既亦称为菽，所以如《诗经·豳风·七月》“七月亨葵及菽”，《生民》“蓺之荏菽”，《尔雅》“戎叔谓之荏菽”，注疏家皆以为菽即大豆。又因为《尔雅》有“戎叔”之说，于是以此豆为传自戎地，但亦有人反对其说，如唐孔颖达《毛诗正义》云：

《尔雅·释草》云：『戎菽谓之荏菽。』孙炎曰：『大豆也。』此笺亦以为大豆。樊光舍人李巡、郭璞皆云：『今以为胡豆。』璞又云：『《春秋》齐侯来献戎捷』，《穀梁传》曰，『戎，菽也』。《管子》亦云，『北伐山戎，出冬葱及戎菽布之天下』。今之胡豆是也。』案：《尔雅》戎菽皆为大豆，注《穀梁》者亦以为大豆也。郭璞等以戎胡俱是裔名，故以戎菽为胡豆也。后稷种谷，不应舍中国之种而种戎国之豆。即如郭言齐桓之伐山戎始布其豆种，则后稷之所种者何时绝其种乎？而齐桓复布之礼有戎车，不可谓之胡车，明戎菽正大豆是也。

按：此说甚是，虽此诗未必为后稷时人所作，乃后人追述之词，然今植物学家亦以大豆为中国原产，而后传入各国的。

大豆其实还不止黑黄二色，如李时珍《本草纲目》云："大豆有黑白黄褐青斑数色。黑者名乌豆，可入药及充食，作豉；黄者可作腐榨油造酱，余但可作腐及炒食而已。"今以黄者为最普通，故又称"黄豆"。而黄豆之供膳食，名目殊多，单是作腐一项，就有豆腐、豆腐浆、豆腐皮、豆腐渣、豆腐干、百叶豆腐、酱豆腐、臭豆腐等。豆腐相传为汉淮南王刘安所创制，浆皮渣干即从此而出。酱豆腐不知起于何时。臭豆腐明时已有之，其吃法正与今同，如明人《蓬栊夜话》云：

黟县人喜于夏秋间醢腐，令变色生毛，随拭去之，俟稍干，投沸油中灼过，如制馓法漉出，以他物芼烹之，云有海中鲥鱼之味。羽流衲子竞以解茹淡之馋，即贵倨亦多嗜之者，然余曾一染指，直臭腐耳，未睹其神奇也。

至这些腐类，皆富于营养资料，其中尤以豆腐皮为最，豆腐渣较少，盖其精华已被榨去了。

其次则为“小豆”，亦有数种。元王祯《农书》云：“今之赤豆白豆绿豆蚕豆皆小豆也。”盖其实均较大豆为小，故称小豆。赤豆诚如李时珍所云：“可煮可炒，可作粥饭馄饨馅，并良也。”今所谓豆沙，即大多用赤豆做的。此外吃赤豆尚有避疫的传说，如宋吕希哲《岁时杂记》云：“共工氏有不才子，以冬至日死为疫鬼，畏赤豆，故是日作赤豆粥厌之。”其后亦不限于冬至日，他日亦有吃此的，据说都可辟疫，如《杂五行书》云：

> 常以正月旦，亦用月半，以麻子二七颗赤小豆七枚置井中，辟疫病甚神验。正月七日七月七日，男吞赤小豆七颗，女吞十四枚，竟年无病，令疫病不相染。

这些当然都是迷信之谈，不足置信，所以李时珍也说此乃“傅会之妄说。其辟瘟疫用之，亦取其通气除湿散热耳”。他又引陈自明《妇人良方》云：“予妇食素，产后七日，乳脉不行，服药无效，偶得赤小豆一升煮粥食之，当夜遂行。”是赤豆有通乳之功，既是陈氏经验之谈，或较可信。又引朱氏《集验方》云：

> 宋仁宗在东宫时患痄腮，命僧赞宁治之，取小豆七七粒为末，傅之而愈。中贵人任承亮后患恶疮近死，尚书郎傅永授以药立愈，叩其方，赤小豆也。予苦胁疽，既至五脏，医以药治之甚验。承亮曰：『得非赤小豆耶？』医谢曰：『某用此活三十口，愿勿复言。』有僧发背如烂瓜，邻家乳婢用此治之神。此药治一切痈疽疮疥及赤肿，不拘善恶，但水调涂之，无不愈者。

则赤豆在医药上也是很重要的，不仅食用而已。

“绿豆”亦作菉豆，其实绿以色名，作菉实非。绿豆用度很广，诚如元王祯《农书》所说：“可作豆粥豆饭，或作饵为炙，或磨而为粉，或作面材。其味甘而不热，颇解药毒，乃济世之良谷也。”按：作面材即今所谓细粉者是。绿豆解药，故今服药者不吃绿豆。据宋释文莹《湘山野录》云：

真宗深念稼穑，闻占城稻耐旱，西天菉豆子多而粒大，各遣使以珍货求其种。占城得种二十石，至今在处播之。西天中印土得菉豆种二石，不知今之菉豆是否？始植于后苑，秋成日宣近臣尝之，仍赐占稻及西天菉豆御诗。

则绿豆似由印度所传入。然唐人苏鹗《杜阳杂编》有：“大历中，日林国献灵光豆，大小类中国之菉豆。”是唐时已有菉豆，不应始于宋时，或此菉豆较中国原来为大，故真宗别求之罢！

“白豆”又名饭豆。据李时珍云：“饭豆小豆之白者也，亦有土黄色者，豆大如绿豆而长，四五月种之，苗叶似赤小豆而略尖，可作饭作腐。”萱豆即穞豆，李时珍以为：“即黑小豆也，小科细粒，霜后乃熟。”此两种小豆，各地所少有，不能详述。

小豆之外则有“豌豆”，李时珍以为：“其苗柔弱宛宛，故得豌名。”按：后魏张揖《博雅》云：“毕豆豌豆留豆也。”是豌豆当时尚有毕豆留豆之称。李时珍云：



种出胡戎，嫩时青色，老则斑麻，故有『胡戎』『青斑』『麻累』诸名。陈藏器《拾遗》虽有胡豆，但云：『苗似豆，生田野间，米中往往有之。』然豌豆蚕豆，皆有胡豆之名，陈氏所云盖豌豆也。豌豆之粒小，故米中有之。《尔雅》：『戎菽谓之荏菽。』《管子》：『山戎出荏菽，布之天下。』并注云：『即胡豆也。』《唐史》：『毕豆出自西戎回鹘地面。』张揖《广雅》：『毕豆豌豆留豆也。』《别录》序例云：『丸药如胡豆大者，即青斑豆也。』孙思邈《千金方》云：『青小豆一名胡豆，一名麻累。』《邺中记》云：『石虎讳胡，改胡豆为国豆。』此数说皆指豌豆也，盖古昔呼豌豆为胡豆，今则蜀人专呼蚕豆为胡豆，而豌豆名胡豆，人不知矣。又乡人亦呼豌豆大者为『淮豆』，盖回鹘音相近也。

按：豌豆今植物学家认为亚洲西部原产，则出于西戎，当属可信。惟引《尔雅》《管子》荏菽亦为豌豆，殊非，说详前，盖此荏菽实为大豆而非豌豆。按：《太平御览》有“张骞使外国得胡豆种归。”之说，则豌豆汉时方传入于我国，汉以前何从有此豆呢？其豆较诸豆最为早熟，四月间即可采食。今所谓“立夏尝新”，此豆即为其一的。

蚕豆据王祯《农书》云：“蚕时始熟，故名。”然李时珍以为：“豆荚状如老蚕，故名。”按：今人亦有呼豌豆为蚕豆，以其豆荚亦如蚕状。蚕豆之荚则粗大实不如蚕，故又别称为胡豆，胡读若阿。李时珍又云：

吴瑞《本草》以此为豌豆，误矣。此豆种亦自西胡来，虽与豌豆同名，同时种，而形性迥别。《太平御览》云：『张骞使外国，得胡豆种归。』指此也。今蜀人呼此为胡豆，而豌豆不复名胡豆矣。

按：蚕豆原产里海沿岸，其传入中国，是否为张骞携归，实一疑问。盖蚕豆之名，于古未闻，且常与豌豆相混。按：宋宋祁《佛豆赞》云："豆粒甚大而坚，农夫不甚种，唯圃中莳以为利；以盐渍食之，小儿所嗜。丰粒茂苗，豆别一类。秋种春敛，农不常莳。" 此种佛豆倒确似蚕豆，以其"粒甚大而坚" 也。又明徐光启《农政全书》云："蚕豆今处处有之，其豆似豇豆而小，色赤味甜。" 则又非今之蚕豆。惟李时珍所谓蚕豆，确与今无异。然则蚕豆之为蚕豆，其传入或在宋以前，其名称的确定或者还在元明时罢！

此外又有"豇豆"，其名亦古所未闻，李时珍《本草纲目》始录及之，云："此豆红色居多，荚必双生，故有豇䜬䜪之名。《广雅》指为胡豆误矣。" 按：《广雅》有"胡豆䜬䜪也" 之说，果是此䜬䜪即豇豆，则古时实非没有。其豆为印度原产，固亦可称为胡豆的。豆有紫白黑数种，可菜可果。又有"扁豆"，盖荚形扁而得名，亦作"藊豆"。又名"蛾眉豆"，则象其豆脊；黑的又称为"鹊豆"，则以其黑间有白道如鹊羽。然荚形实不一，如李时珍《本草纲目》云：

其荚凡十余样，或长或团，或如龙爪虎爪，或如猪耳刀镰，种种不同，皆累累成枝。白露后实更繁衍，嫩时可充蔬食茶料，老则收子煮食，子有黑白赤斑四色。

此豆为亚洲南部原产，梁时已有之，故陶弘景注《本草经》，有："藊豆人家种之于篱垣，其荚蒸食甚美。"又可以煮粥，如宋林洪《山家清供》云："白扁豆温无毒，和中下气，其味甘。用瓦瓶烂煮豆，候粥少沸投之同煮，既熟而食。"又有一种"刀豆"，以荚形如刀而得名。按：唐段成式《酉阳杂俎》云："挟剑豆，乐浪东有融泽之中，生豆荚形似人挟剑，横斜而生。"李时珍以为"即此豆也”。嫩时亦如扁豆可煮食，老则收子作淡红色，据李氏云：“同猪肉鸡肉煮食尤美。”又有一种“菜豆”，俗称“带豆”，以其豆荚长如带状，亦可供食。

此外尚有一种与豆同科而不称为豆的“落花生”，在现今也像豆一般为吾人日常的食物，应在这里附说一下。

落花生因为花后子房入于地中生长而结果实，故名。今简称“花生”，俗也称为“长生果”。此果不见于《本草纲目》，今人颇以为至清时方才由外方传入，如《辞源》引《福清县志》云：“本出外国，康熙初年，僧应元往扶桑，觅种寄回。”又如近人原颂周《中国作物论》云：

花生原产于巴西国，美洲合众国自西历一八六六年始有种植，至输入我国不知始自何年。美领事孟氏谓花生流入中国在泰西十八世纪以前，未知确否？

十八世纪正当清雍正乾隆年间，以前，大约也指康熙时代罢！然据明王世懋《瓜蔬疏》（载《学圃杂疏》中）已有落花生之名，且云："香芋落花生产嘉定，落花生尤甘，皆易生物，可种也。"则明时实已传入我国了。按：王世懋为世贞弟，太仓人，嘉靖进士，其时在十六世纪，彰彰明甚。又据《中国作物论》云：

花生品类，大别为大粒小粒二种。金华武昌所产为大粒种，浙江之『小落花生』，广东之『黄蜂腰』为小粒种。外国种有名『珍珠豆』者，粒小而圆，种于广东，亦小粒种之一。大粒种收成略多而油分少，小粒种收成略少而油多味美。据西籍小粒种为西班牙种。

大约最初传入小粒种，至清复有大粒种，所以今人亦称小粒种为"本生"，而称大粒种为"洋生"的，其实都是传自外洋的。

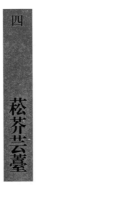

# 四 菘芥芸薹

Cabbage, Leaf Mustard and Canola

菘即今所谓“白菜”“青菜”的统称。宋陆佃《埤雅》云：“菘性隆冬不雕，四时长见，有松之操，故其字会意。”

菘的种类虽多，但大别之为白菜、青菜。为我国原产，日常蔬食之中最普通的，所以各地均有栽培，大抵北方所产多为白菜，南方所产多为青菜。此外尚有一种变种名“黄芽菜”，乃用人工培养而成，叶与柄皆扁阔，层层包裹，成圆柱形状，顶端则成球形。叶作淡黄色，也有很洁白的，秋末可食，柔软甘美。原产于山东的胶州，故通称“胶菜”。又有产于江浙的，不用人工培养，则外叶青而内黄，不甚洁白，味也较逊了。

此种人工黄芽菜，明时已有之，如高濂《遵生八笺》云：“将白菜割去梗叶，止留菜心，离地二寸许，以粪土壅平，用大缸覆之，缸外以土密壅，勿令透气，半月后取食，其味甚佳。”今则多不用缸而用窖了。

按：菘字《尔雅》《说文》均不载，其字始见于梁顾野王的《玉篇》，可知为后起的字。大约古以菘为芥类，今园艺学家亦多如是，以菘芥并称，故最古只记芥而不记菘罢！

芥字据元王祯《农书》云："芥字从介，取其气辛而有刚介之性。"盖芥味大多带些辛辣，故字从艹从介。又宋王安石《字说》云："芥者界也，发汗散气，界我者也。"则所解似不若《农书》来得明晰而有意义。

芥的种类颇多。明李时珍《本草纲目》，举普通者有下面六种：

芥有数种：『青芥』又名刺芥，似白菘有柔毛。有『大芥』，亦名皱叶芥，大叶皱纹，色尤深绿，味更辛辣。二芥宜入药用。有『马芥』，叶如青芥。有『花芥』，叶多缺刻，如萝卜叶。有『紫芥』，茎叶皆紫如苏。有『石芥』，低小。皆以八九月下种，冬月食者，俗呼『腊芥』，春月食者俗呼『春芥』，四月食者谓之『夏芥』。芥心嫩薹谓之『芥蓝』，瀹食脆美。其花三月开黄色四出，结荚一二寸，子大如苏子，而色紫味辛，研末泡过，为芥酱以侑肉食，辛香可爱。刘恂《岭南异物志》云：『南土芥高五六尺，子大如鸡子。』此又芥之异者也。

**菘** 菘的种类虽多，但大别之为白菜、青菜。为我国原产，日常蔬食之中最普通的，所以各地均有栽培，大抵北方所产多为白菜，南方所产多为青菜。

按：今浙东一带，别有所谓"雪里蕻"的，实亦芥的一种。明屠本畯《野菜笺》云：

四明有菜名雪里，瓮头旨蓄珍莫比。雪深诸菜冻欲死，此菜青青蕻尤美。吾欲肉食兮无卿相之腹，血食兮无圣贤之德。不如且啖雪里蕻，还共酒民对案时求益。

是雪里蕻以雪里穿蕻而得名，明时已有此菜，似即李氏所谓"大芥"，或大芥的别种。又芥尚可作咸菜。那种雪里蕻，除鲜食外，大多还是用作咸菜的。此外尚有一种"白芥"，据说其种来自西戎，而盛于蜀，故又名"蜀芥"，亦可食用，见《本草纲目》。又沪地有一种"银丝芥"，亦名"佛手芥"，细茎扁心，顾氏制为菹，经年味不变，即今所谓“芥辣菜”的，见《上海县志》。均为他地所未有的。

芥在古时似只用其子以为辛酱，不食茎叶，如《礼记·内则》“鱼脍芥酱”，注云：“食鱼脍者，必以芥酱配之。”又“脍春用葱，秋用芥”。是以芥与葱并视的。又梁周兴嗣《千字文》“菜重芥姜”，亦以芥姜两辛菜同列。于此皆可知古时食芥重子不重茎叶。

芸薹今通称“油菜”，以其子可榨油，故名。其种系传自北方，或谓即云台戍，如明李时珍《本草纲目》云：

此菜易起薹，须采其薹食，则分枝必多，故名『芸薹』；而淮人谓之『薹芥』，即今『油菜』，为其子可榨油也。羌陇氏胡其地苦寒，冬月多种此菜，能历霜雪。种自胡来，故服虔《通俗文》谓之『胡菜』，而胡洽居士《百病方》谓之『寒菜』，皆取此义也。或云塞外有地名云台戍，始种此菜，故名，亦通。

按：芸薹之名，上古所未闻，后魏贾思勰《齐民要术》始有种芸薹法，云："芸薹取叶者皆七月半种，种法与芜菁同，足霜乃收。取子者二三月好雨泽时种，五月熟而收子。冬天草覆亦得取子，又得生茹供食。"按：今多为冬种春取叶，至夏乃收其子，仍如李时珍《本草纲目》所云：

芸薹方药多用，诸家注亦不明，今人不识为何菜，珍访考之，乃今油菜也。九月十月下种，生叶形色微似白菜。冬春采薹心为茹，三月则老不可食。开小黄花四瓣如芥花，结荚收子亦如芥子，灰赤色。炒过榨油黄色，燃灯甚明，食之不及麻油。今人因有油利，种者亦广云。

按：今称薹心为菜蕻，油即菜油，其应用与他植物油同。

# 五 芹苋菠薐

Celery, Amaranth and Spinach

芹本作斳，省作芹。《尔雅》："芹，楚葵。"注称："今水中芹菜。"宋罗愿《尔雅翼》以为："芹今舒斳多有之。或曰斳之为斳，以有芹也，斳即芹，亦有祈音。"是斳（楚地）乃由芹而得名。至明李时珍作《本草纲目》，遂以为斳应作蘄，以符芹意。他说：

> 斳当作蘄，从艹斳，谐声也；后省作芹，从斤亦谐声也。其性冷滑如葵，故《尔雅》谓之楚葵。《吕氏春秋》：『菜之美者，有云梦之芹。』云梦，楚地也，楚有斳州斳县，俱音淇。罗愿《尔雅翼》云：『地多产芹，故字从芹。斳亦音芹。』徐锴注《说文》：『蘄字从艹斳。』诸书无斳字，惟《说文》别出菥字，音银，疑相承误出也。据此，则斳字亦当从斳作蘄字也。

此虽均解释蕲与芹的关系，也可知芹实产于蕲地，后乃转播于各地的。

芹有水芹旱芹两种，水芹生于水田湿地，旱芹则生于平地。古时多为水芹，如《诗·采菽》："觱沸槛泉，言采其芹。"《泮水》："思乐泮水，薄采其芹。"皆指的是水芹。《本草经》云"水芹一名水英"。陶弘景注："二三月作英时，可作菹及熟瀹食，故名水英。"按：今则冬春之交，即可采食。

因为《诗》有泮水采芹之说，后世遂以考中秀才称为采芹，这虽与芹无直接关系，而却是芹中的一个典历。盖古时始入学的，先释奠于先师，又有释菜，以菜为挚，故即采泮水（学宫前的水）的水草以荐。此水草有的为芹，也有为藻为茆的。

古人食芹最有名的，大约要推唐时的魏徵。据柳宗元《龙城录》云：

魏左相忠臣谠论，赞襄万机，诚社稷臣。有日退朝，太宗笑谓侍臣曰：『此羊鼻公不知遗何好，而能动其情？』侍臣曰：『魏徵嗜醋芹，每食之欣然称快，此见其真态也。』明旦，召赐食，有醋芹三杯。公见之，欣喜翼然，食未竟而芹已尽。太宗笑曰：『卿谓无所好，今朕见之矣。』公拜谢曰：『君无为故无所好。臣执作从事，独僻此收敛物。』太宗默而感之。

惟唐孟诜《食疗本草》却说："和醋食损齿。"则不知魏氏嗜食如此，其齿究损至如何耶？

苋字据宋陆佃《埤雅》云："茎叶皆高大而见，故其字从见，指事也。"

苋的种类颇多，普通所食的为白苋，此外则有赤苋、紫苋、五色苋等，皆从色而分。宋苏颂《本草图经》云：

苋凡数种：『人苋』『白苋』俱大寒，亦谓之『糠苋』，又谓之『胡苋』，或谓之『细苋』，其实一也；但大者为白苋，小者为人苋耳。其子霜后方熟，细而色黑。『紫苋』茎叶通紫，吴人用染爪者，诸苋中惟此无毒不寒。『赤苋』亦谓之『花苋』，茎叶深赤，根茎亦可糟藏，食之甚美，味辛。『五色苋』今亦稀有。『细苋』俗谓之『野苋』，猪好食之，又名『猪苋』。『马齿苋』虽名苋类，而苗叶与苋都不相似，一名『五行草』，以其叶青梗赤花黄根白子黑也。

按：细苋据李时珍《本草纲目》云："即野苋，北人呼为糠苋，柔茎细叶，生即结子，味比家苋更胜。"与苏说微异。盖苏说既以人苋白苋或谓细苋，又以细苋俗谓野苋，所分殊不明晰。大抵人苋白苋为一类，细苋为一类，而彼此不应再相混的。

又据《本草纲目》引张鼎云："苋动气令人烦闷，冷中损腹，不可与鳖同食，生鳖症。又取鳖肉如豆大，以苋菜封裹置土坑内，以土盖之，一宿尽变成小鳖也。"汪机又云："此说屡试有验。"但据现在化学家实验，实并无此理。陆佃《埤雅》以为："青泥杀鳖，得苋复生，今人食鳖忌苋，其以此乎？"陆氏似也并不信此说法的。

又马齿苋入药中很有功用。郑樵《通志》说它"叶间有水银可烧取"，李时珍亦谓："方士采取伏砒结汞，煮丹砂伏硫黄，死雄制雌，别有法度。"又如宋李绛《兵部手集》所云：

> 唐武相元衡苦胫疮焮痒不可堪，百医无效。厅吏上一方马齿苋捣烂，敷上两三遍即愈。多年恶疮，百方不瘥，或痛焮不已，并治。

则更可治恶疮之用，倒是不可不知的。

此外“菠薐”亦为今人日常所食的蔬菜。菠薐简称“菠菜”，据《唐会要》(《广群芳谱》引)云：“太宗时，尼婆罗国献菠薐菜，类红蓝，实如蒺菜，火熟之能益食味。”又唐韦绚《刘宾客嘉话录》云：“菠薐种出自西国，有僧将其子来，云本是颇陵国之种，语讹为波棱耳。”按：尼婆罗或颇棱，实即今之伊朗，旧称波斯。盖此菜实为伊朗原产，至唐太宗时始传入我国的。今则各地均有栽培，且以其耐寒，四时皆可采食。又有“赤根菜”(见王世懋《瓜蔬疏》)“鹦鹉菜”(见王象晋《群芳谱》)之称，皆指其根为赤色而得名。

菠薐在古时只认为凡品，如王世懋云：“菠菜凡品，然可与豆腐并烹，故园中不废。”又陈士良云：“微毒，多食令人脚弱发腰痛。”这都是不明究竟的说法，尤以陈说为荒谬，今则无不知菠薐最富于维他命ABC，正可治脚气病的。

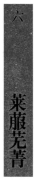

# 六 莱菔芜菁

Turnips

莱菔俗称"萝卜"，古又称为"芦葩"，皆字音的转变。明李时珍《本草纲目》云：

> 莱菔上古谓之『芦葩』，中古转为『莱菔』，后世讹为『萝卜』，南人呼为『萝瓝』，瓝与雹同，见晋灼《汉书》注中。陆佃乃言莱菔能制面毒，是来麰之所服；以菔音服，盖亦就文起义耳。



以莱菔可解面毒，宋时确有此说，如宋罗愿《尔雅翼》云：

> 昔有婆罗门僧东来，见食麦面者，云：『此大热，何以食之？』及见食中有萝菔，曰：『赖有此以解之耳。』自此相传，食面必食萝菔。

按：此说恐不可信。今北人终年食面，未必中毒而常食莱菔的。又元王祯《农书》云："北人萝卜，一种四名，春曰破地锥，夏曰夏生，秋曰萝卜，冬曰土酥。”是不过随时而起名，未必有所不同的。

莱菔普通只食其根，根有红有白，有长有圆，有小有大，甚大的有重至五六斤。据李时珍云：“大抵生沙壤者脆而甘，生瘠地者坚而辣。根叶皆可生可熟可菹可酱可豉可醋可糖可腊可饭，乃蔬中之最有利益者。”

莱菔据唐孙思邈《千金方》云：“生不可与地黄同食，令人发白，为其涩营卫也。”此点宋时确有其例，如王君玉《国老谈苑》云：“寇准年三十余，太宗欲大用，尚难其少。准知之，遽服地黄兼饵芦菔以反之，未几髭发皓白。”此外莱菔汁又可治咳嗽，颇有灵验，如明人的《五色线》所述：

范济略代巡述中州一代巡病嗽，久不愈，甚危，征医各府，归德仅一老医，年七十余，病嗽亦剧。府官不得已，以之应命。行至一村，渴甚，叩民家求饮。其家以热水一盂饮之，觉嗽似少止，再求一杯，又觉少愈，因询此何水，其人答曰：『村野无茶，适煮萝卜干，遂以奉用。』医曰：『吾生平最喜食此，偶途中用尽，敢

> 求少许。』其家馈以数升，医食数日，嗽全愈。及见代巡，病与己同，诊脉后出一方，因向代巡云：『药须医人自煎，恐他人煎不得法，药难取效。』及煎时，潜以萝卜干加入，数日代巡病愈，大神其技，给冠带并与千金，遂成富室。

按：此当系事实，今医家亦以为莱菔可以治嗽的。

芜菁古又称为“蔓菁”，今俗则称为“大头芥”，盖其根甚大，故得是名。按：汉扬雄《方言》：“葑荛芜菁也，陈楚之郊谓之葑，齐鲁之郊谓之荛，关之东西谓之芜菁，赵魏之郊谓之大芥，其小者谓之辛芥，或谓之幽芥。”是古时亦有大芥之称的。惟芜菁之义何在，则不得其详。

又以为葑与葑音同，于是《诗·谷风》“采葑采菲”的葑，注疏家也多认为即今芜菁。又《尔雅》有“须薞芜”之说，于是注疏家又承认须亦为芜菁。这样芜菁的别称格外多了，如宋邢昺《尔雅疏》云：“葑也，须也，芜菁也，蔓菁也，薞芜也，荛也，芥也，七者一也。”这恐怕是错的。倒不如宋郑樵《通志》中所说“葑，菰根也，亦名须，故《尔雅》曰须葑苁，又名苁焉”较为确当。盖葑须当是菰根，与芜菁实不相涉的。

此外芜菁在川滇又称为“诸葛菜”，那倒是有来历的。唐韦绚《刘宾客嘉话录》云：

> 公曰：『诸葛所止，令兵士独种蔓菁者何？』绚曰：『莫不是取其才出甲可生啖一也，叶舒可煮食二也，久居随以滋长三也，弃去不惜四也，回则易寻而采之五也，冬有根可劚食六也，比诸蔬属，其利不亦溥乎？』曰：『信矣。三蜀之人亦呼蔓菁为诸葛菜，江陵亦然。』



又《云南记》中亦称此菜为诸葛菜，云：“武侯南征，用此菜莳于山中以济军食。”按：今云南大头菜颇负盛名，各地均有出售，那倒是诸葛亮在先提倡之功了。

至于它的种类不一，如明李时珍《本草纲目》所云：

"蔓菁六月种者根大而叶蠹，八月种者叶美而根小，惟七月初种者根叶俱良，拟卖者纯种九英，九英根大而味短，削净为菹甚佳，今燕人以瓶腌藏，谓之闭瓮菜。"

芜菁除食用外，其子尚可榨油燃灯，但其烟损目，北魏祖珽即因此而失明的，见《北史·祖珽传》，不可不注意的。至如三国时刘备在曹营中，因种芜菁得免害，那可说是芜菁的惟一佳话了。《三国志·先主传》注引胡冲《吴历》云：

曹公数遣亲近，密觇诸将，有宾客酒食者，辄因事害之。备时闭门，将人种芜菁。曹公使人窥门，既去，备谓张飞关羽曰：『吾岂种菜者乎？曹公必有疑意，不可复留。』其夜开后栅与飞等轻骑俱去。

后来宋陆游《芜菁》诗云："凭谁为向曹瞒道，彻底无能合种蔬。"就是这个底历。

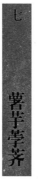

# 七 薯芋荸荠

Yam, Taro and Water Nut

薯亦称“山芋”，而实非芋类，大约以其块根形似于芋，同可供食，以植于旱地或山地，故得是称罢。古或称藷芎、薯蓣、山药等，如宋罗愿《尔雅翼》云：

《山海经》曰：『景山北望少泽，其草多薯芎。』郭璞云：『根似芋可食，今江南人单呼薯。』语或有轻重耳。按：薯芎二字或音如储余，范蠡《计然》曰『储余本出三辅，白色者善』是也。或音如署预，《本草》『署预味甘温』是也。唐代宗讳预，故呼署药。至本朝又讳上字（按：谓英宗讳曙），故今人呼为山药，一名山芋，秦楚名玉延，郑越名土薯。今近道处处有之，根既入药，又复可食，人多掘食之以充粮。

此外又有一种“甘薯”，俗称“番薯”，今亦混称为山芋。据明徐光启《农政全书》云：

薯有二种，其一名『山薯』，闽广故有之；其一名『番薯』，则土人传云，近年有人在海外得此种，海外人亦禁不令出境，此人取薯藤绞入汲水绳中，遂得渡海，因此分种移植，略通闽广之境也。两种茎叶多相类，但山薯植援附树乃生，番薯蔓地生。山薯形魁垒，番薯形圆而长。其味则番薯甚甘，山薯为劣耳。盖中土诸书所言薯者皆山薯也。

此海外据《闽书》谓:“万历中闽人得之吕宋国。”然晋嵇含《南方草木状》中,已有甘薯之名,云:“甘薯盖薯蓣之类,或曰芋之类,实如拳,有大如瓯者,皮紫而肉白,蒸鬻食之,味如薯蓣,旧珠崖之地海中之人皆不业耕稼,惟掘地种甘薯。秋熟收之,蒸晒切如米粒,仓圌贮之,以充粮糗,是名薯粮。”是晋时珠崖(在今广东)已有其物,未必始于明时的;或闽地之有甘薯始于其时,故二书所载如此罢!

此外尚有“马铃薯”,俗称“洋山芋”,为南美智利国原产,清时我国始有移植,最早在于福建,《松溪县志》物产中始称此物。又名“阳芋”,见清吴其濬《植物名实图考》,阳当含洋之意。然其实非薯类,为茄科植物,惟其块茎可供食物,与薯略同,故借以为名罢!马铃则正取其形似,盖如马铃略圆而同大小也。

芋今俗又称“芋艿”。艿读乃音,然其字实音仍,乃陈草未除新草又生相因仍之意。古称芋亦仅为芋,无芋艿之说。艿或奶之误或借用,说见后。

芋,《说文》以为:“大叶实根骇人,故谓之芋。”盖于犹吁,疑怪的叹辞。然此所谓根,实地下茎之误,盖此茎埋于地下,故前人以为根了。

芋为东印度及马来半岛原产,其传入我国,当在汉时,汉以前如《五经》中均没有说到芋的。按:《史记·货殖列传》有:“汶山之下沃野,下有蹲鸱,至死不饥。”据注谓“有大芋如蹲鸱也”,因此后世又别称芋为“蹲鸱”,言其状如鸱的蹲貌。但也有反对其说,如宋罗愿《尔雅翼》云:

卓王孙有云:『吾闻岷山(按即汶山)之下沃野,下有蹲鸱,至死不饥。』详其始意,本谓壤土肥美,粒米狼戾,鸱鸢下啄因蹲伏不去耳。而前世相承,谓蹲鸱为芋,言蜀川出者,形圆而大,状若蹲鸱云。芋或讹作羊,故南朝有谢人馈羊者,以蹲鸱为言,颜之推记之以训子孙。唐开元中,萧嵩奏请注《文选》,东宫卫佐冯光进解蹲鸱,云今之芋子,即是着毛萝卜,嵩闻大笑。又芋之大者前汉谓之『芋魁』,《后汉书》谓之『芋渠』,渠魁皆言大也。

至以芋讹羊，据《颜氏家训》云："江南有一权贵，读误本《蜀都赋》注解蹲鸱芋也，乃为羊字，人馈羊肉，答云：损惠蹲鸱，举朝惊骇。"

芋的种类古今分法不一：晋郭义恭《广志》云凡十四等，为君子芋、草谷芋、锯子芋、旁巨芋、青浥芋、淡善芋、蔓芋、鸡子芋、百果芋、旱芋、九面芋、象空芋、青芋、素芋。唐苏恭《本草注》则分六种，为青芋、紫芋、真芋、白芋、连禅芋、野芋。他说：

"青芋"多子，细长而毒多，初煮须灰汁，更易水煮，乃堪食尔。"白芋""真芋""连禅芋""紫芋"并毒少，正可煮啖之，兼肉作羹甚佳；蹲鸱之饶，盖谓此也。"野芋"大毒不可啖之。关陕诸芋遍有，山南江左惟有青白紫三芋而已。

至明黄省曾作《种芋法》，言其种颇详，且兼及各地，兹亦引载于此，以供参考。

芋，《本草》谓之『土芝』，蜀谓之『蹲鸱』，前汉谓之『芋魁』，后汉谓之『芋渠』。叶俞县有『百子芋』。新郑有『博士芋』，蔓生而根如鹅鸭卵。今有『南京芋』，煮之可拈皮而食，甘滑异于他品。茅山有『紫芋』。吴郡所产大者谓之『芋头』，旁生小者谓之『芋奶』，种之水田者为『水芋』。《广雅》曰：『藉姑，水芋也，亦曰乌芋。』《本草》：『乌芋一名水萍，一名槎牙，一名茨菰，一名凫茨。』《毗陵录》谓之燕尾草，以其叶如桠也；又名田酥，状如泽泻，不正似芋，根黄而小，恐自为一种，非土芝之水芋也。《吉安录》：『有干湿二种，湿名水芋，干名黄芋，味差劣。』《松志》：『苏之西境多水芋，以芋魁为旱芋，嘉定名之博罗。』又有皮黄肉白，甘美可食，茎叶如扁豆而细，谓之『香芋』。

按：藉姑实即今之慈姑，其球茎略如芋形，亦可供食，但实非芋类，故黄氏亦疑其非。

芋的煮法，据说最好是“去皮湿纸包，煨之火过熟，乃热啖之，则松而腻，乃能益气充饥”。(《东坡杂记》引吴远游语)苏轼又称芋羹为“玉糁羹”，他有《玉糁羹》诗云：“香似龙涎仍酽白，味如牛乳更全清。莫将南海金虀脍，轻比东坡玉糁羹。”又宋林洪《山家清供》述芋可作糕，其法云：

向杭雪分究，夏日命饮，作大耐糕，意必粉面为之。及出，乃用大芋生者去皮剜心，以白梅甘草汤焯用蜜和松子榄仁填之，入小甑蒸熟为孛宗也，取先公大耐官职之意。

这确是别开生面的作法，为前所未闻的。又芋梗尚有治蜂螫之效，如宋沈括《梦溪笔谈》(《本草纲目》引)云：

处士刘阳隐居王屋山，见一蜘蛛为蜂所螫坠地，鼓腹欲裂，徐行入草，啮芋梗破，以疮就啮处磨之良久，腹消如故，自后用治蜂螫有验。

此外唐孟诜《食疗本草》，又说"芋煮汁洗腻衣白如玉也"，这倒是我们日常所应知的常识。

也是栽于水中或水田里尚有"荸荠"，其所食部分也如芋为地下茎，不过形状如球，故称地下球茎。此果在古时有许多异称，如李时珍《本草纲目》云：

『乌芋』其根如芋，而色乌也。凫喜食之，故《尔雅》名『凫茈』，后遂讹为『凫茨』，又讹为『葧脐』，盖切韵凫葧同一字母，音相近也。『三棱』『地栗』皆形似也。

按：今则通作荸荠，如明王世懋《瓜蔬疏》云："荸荠方言曰地栗，亦种浅水，吴中最盛，远货京师为珍品，色红嫩而甘者为上。"可知明时已有如此写法的。荸字实新造，荠则系借用，即由葧脐二字改变而来，但取音似，实无意义可言。至乌芋古实作为慈姑的别称，如陶弘景《名医别录》即以为"乌芋一名藉姑"，藉姑即今所谓慈姑，而李时珍则又以为"乌芋慈姑原是二物"，至清吴其濬《植物名实图考》又从陶说以为："乌芋即慈姑，诸家误以葧脐为乌芋。"就字义而论，慈姑实类芋，但其色不乌，荸荠实不类芋，但其色却乌。今植物学家多从李说，以乌芋为荸荠的。

至荸荠的种类实不多，仍引李氏之说云：

凫茈生浅水田中，其苗三四月出土，一茎直上，无枝叶，高二三尺。其根白蒻，秋后结颗，大如山查栗子，而脐有聚毛累累，下生入泥底。野生者黑而小，食之多滓；种出者紫而大，食之多毛。生食煮食皆良。

按：李氏所谓根，实为地下球茎，已如上述。至“脐有聚毛累累”，则葧脐之名，或者由此而来。又吴瑞云：“小者名凫茈，大者名地栗。”今殊无此分别了。

# 八 蕈菇木耳



Mushrooms and Fungus

蕈字从艹从覃，据明潘之恒《广菌谱》云："覃，延也，蕈味隽永，有覃延之意。"古又称"椹"，如晋张华《博物志》云："江南诸山郡中大树断倒者，经春夏生菌，谓之椹，食之有味。"今又称"菰"，则据宋苏颂《本草图经》云：

> 《尔雅》云：『出隧蘧蔬。』注云：『生菰草中，状似土菌，江东人啖之甜滑。』即此也，故南方人至今谓菌为菰，亦缘此义。

是由菰草借称而来，宋时已属如此。此外还有一种称为"耳"的，如木耳、石耳之类。据《广菌谱》云：

木菌即「木耳」，生于朽木之上，无枝叶，乃湿热余气所生，亦名「木檽」「木坳」「树鸡」「木蛾」，曰耳曰蛾，象形也；曰檽，以软湿为佳也；曰坳曰鸡，因味似也，南楚人谓鸡为坳；曰菌，亦象形于蜩，乃贝子之名。或云地生为菌，木生为蛾，北人曰蛾，南人曰蕈。

其实蕈耳均是菌类，菌是总名，如伞状的则谓之蕈，而味较佳；如耳状的则谓之耳，味并不美，须加以他料，这是现在的分法。

专载蕈类的有宋陈仁玉的《菌谱》，乃专录今浙江仙居的蕈类，共得合蕈、稠膏蕈、栗壳蕈、松蕈、竹菌、麦蕈、玉蕈、黄蕈、紫蕈、四季蕈、鹅膏蕈十一类。原书颇详，兹摘录如下：

『合蕈』质外褐色，肌理玉洁，芳芗韵味，发釜鬲闻百步外。旧传昔尝上进，标以台蕈，上遥见误读，因承误云。『稠膏蕈』土人谓稠木膏液所生耳，独此邑所产，故尤可贵。『栗壳蕈』稠膏将尽栗壳色者。『松蕈』生松阴，采无时。『竹菌』生竹根，味极甘。『麦蕈』多生溪边沙壤松土中，味殊美，绝类北方蘑菇。『玉蕈』生山中，色洁皙。『黄蕈』丛生山中，挹郁黄色。『紫蕈』赪紫色，品为下。『四季蕈』生林木中，肌理粗峭，不入品。『鹅膏蕈』生高山，状类鹅子，甘滑不谢稠膏。

按：合蕈实即香蕈，《本草纲目》引吴瑞曰："蕈生桐柳枳椇木上，紫色者名香蕈，白色者名肉蕈，皆因湿气熏蒸而成。"又汪颖曰："香蕈生深山烂枫木上，黄黑色味甚香美，最为佳品。"按：今香蕈各地均有，福建所产尤多，采于冬季的又叫"冬菰"，采于春季的又叫"春菰"，而以冬菰为佳，盖形大而肉厚。此外据《广菌谱》所载，尚有"天花蕈"出五台山，"鸡纵蕈"出云南，"雷蕈"出广西横州，皆类香蕈云。其次则为"蘑菰"，据《广菌谱》云：

蘑菰蕈出东淮北山间，埋桑楮木于土中，浇以米泔，待菰生采之，长二三寸，本小末大，白色柔软。其中空虚，如未开玉簪花，俗名『鸡足磨菰』，谓其味状相似也；一种状如羊肚有蜂窠眼者，名『羊肚菜』。

此外据《广菌谱》所载，犹有“杉菌”“皂角菌”“竹蓐”“萑菌”“舵菜”，即生于杉皂竹萑及舶舵上的，有可食不可食。又有“钟馗菌”“鬼菌”，亦不食供药用而已。此外属于耳类，有桑槐楮榆柳五木耳及地耳石耳之属。“地耳”生于地，“石耳”生于石，皆状如木耳，可以供食，但普通所食以木耳为多。木耳亦不限于五木，李时珍所谓：“木耳各木皆生，然今货者亦多杂木，惟桑柳楮榆之耳为多云。”其色有黑黄赤白四种，据张仲景云：“木耳赤色及仰生者并不可食。”所以普通只有三种。据《本草经》云：“黑者主女子漏下赤白汁。”又《别录》云：“疗月水不调。其黄熟陈白者，止久泄，益气不饥。其金色者，治癖饮积聚，腹痛金疮。”按：黄与白色，今多通称为“白木耳”，或称“银耳”，医家认为补品，即所谓益气的缘故罢！尤以产于四川者为最有名。其实依营养上分析，白木耳实不如黑木耳，并无特别可取的地方。

蕈耳往往有毒，此种鉴别法，据唐陈藏器《本草拾遗》所载，有下列诸种：

菌冬春无毒，夏秋有毒，有蛇虫从下过也。夜中有光者，欲烂无虫者，煮之不熟者，煮讫照人无影者，上有毛下无纹者，仰卷赤色者，并有毒杀人。中其毒者，地浆及粪汁解之。

又陈仁玉《菌谱》云："凡中其毒者必哭，解之宜以苦茗杂白矾勺新水并咽之，无不立愈。"又汪颖以为："凡煮菌投以姜屑饭粒，若色黑者杀人，否则无毒。"这倒是给喜食野菌的一个妥善方法。

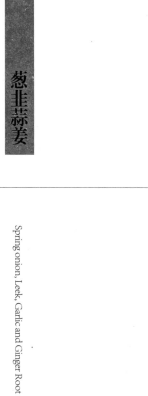

# 九 葱韭蒜姜

Spring onion, Leek, Garlic and Ginger Root

葱本作蔥，其字从艹从悤，明李时珍《本草纲目》以为："外直中空有悤通之象也。" 盖葱之为物，其叶中空而挺直，故李氏云尔。又宋陶穀《清异录》云："葱即调和众味，文言谓之和事草。" 故又有"和事草" 之名。又因诸肴均可用之，有"菜伯" 之称。

葱的种类很多，《本草纲目》引韩保昇《蜀本草》云有四种：

葱凡四种，『冬葱』即冻葱也，夏衰冬盛，茎叶俱软美，山南江左有之。『汉葱』茎实硬而味薄，冬即叶枯。『胡葱』茎叶粗硬，根若金灯。『茖葱』生于山谷，不入药用。

李时珍又云："冬葱即慈葱，或名太官葱，谓其茎柔细而香，可以经冬，太官上供宜之，故有数名。汉葱一名木葱，其茎粗硬，故有木名。" 他又说："葱初生，曰葱针，叶曰葱青，衣曰葱袍，茎曰葱白，叶中涕曰葱苒。”按：今则通分为大葱与小葱两种，大葱即夏葱，小葱即冬葱，由其叶的大小而分。原产西伯利亚阿尔泰山地方。所谓葱岭，即由其山生葱而得名。我国古时就有，如《礼记·曲礼》：“凡进食之礼，葱渫处末。”渫即蒸葱也。又《内则》：“脍春用葱。”是进食均须用葱，吃肉更须加葱以佐味的。



此外古又有一种“鹿葱”，则虽名为葱，实非葱类，而是萱草的异称，如宋陆佃《埤雅》云：

> 草之可以忘忧者，故曰『谖草』，谖忘也。《诗》曰：『焉得谖草，言树之背。』言以忧思不能自遣，故欲以此华树之背也。董子曰：『欲忘人之忧，则赠之丹棘，一名忘忧；欲蠲人之忿，则赠之以青堂，青堂一名合欢。』嵇康《养生论》以为合欢蠲忿，萱草忘忧，即此是也。亦或谓之『鹿葱』，盖鹿食此草，故以名云。《本草》亦曰萱草一名鹿葱，华名『宜男』。周处《风土记》云：『怀妊妇人佩其华生男也。』

然亦认为是两种，如明王象晋《群芳谱》云：

鹿葱色颇类萱，但无香尔。鹿喜食之，故以命名。然叶与花茎皆各自一种：萱叶绿而尖长，鹿葱叶团而翠绿；萱叶与花同茂，鹿葱叶枯死而后花，萱一茎实心而花五六朵节开，鹿葱一茎虚心而花五六朵并开于顶；萱六瓣而光，鹿葱七八瓣。《本草》注云『萱即今之鹿葱』误。

而李时珍《本草纲目》则又评其非，以为："或言鹿葱花有斑文与萱花不同时者，谬也。肥土所生，皆花厚色深有斑文起重台，开有数月；瘠土所生，花薄而色淡，开亦不久。"又云："今东人采其花跗干而货之，名为黄花菜。"按：此实即今之所谓"金针菜"，佐以木耳，常为素食的佳品云。

此外尚有一种“玉葱”，俗称“洋葱”，地下有鳞茎作扁圆状，可供菜食。为中亚细亚原产，我国古时却未见有记载的，直至近年方由外方输入而加栽培。因含有特种的挥发油，所以煮熟后并无十分辛臭。皮色有褐黄赤白数种，以赤皮为最佳，因其极耐贮藏的缘故。

与葱相似的则为“韭”，俗亦作韮，但徐铉《说文注》云：“韭刈之复生，异于常草。”故自为字，加艹殊非。韭象韭在地上丛生之象，一即地也，又因其久生，故音久。又因性温，称为“草钟乳”。《礼记·曲礼》又有“韭曰丰本”之说，故又名“丰本”，亦言刈之复生之意。《内则》称“豚春用韭”，故其效用实与葱同。其种实为我国原产，有山韭水韭之分。“山韭”《尔雅》又谓之“藿”；“水韭”生于池塘中。然普通多栽于园圃，亦如葱一般，无分山水。据《本草纲目》云：“韭之茎名韭白，根名韭黄，花名韭菁。”今除供调味外，又用壅白方法，使其辛臭少而质脆嫩，即俗称“韭芽”者是。其法有二，一于冬季密植温床中，使勿露阳光；一将韭叶于地面一寸五分处切断，覆砻糠或马粪于其上，则翌春便有黄白色嫩芽发生。普通所食，即以这一种为多，而不作调味用的。

又与葱相似的则为"蒜"，又有大蒜小蒜之分。据宋罗愿《尔雅翼》云："大蒜为葫，小蒜为蒜。"按：孙愐《唐韵》云："张骞使西域始得大蒜胡荽。"则大蒜出于胡地，故有胡名，小蒜似为中土旧有。但李时珍《本草纲目》以为："瓣少者为小蒜，瓣多者为大蒜，其野生小蒜，别为山蒜。"则蒜实均非我国原产，故于古无闻。蒜的辛臭较葱韭为烈，故普通只采其叶以为调味。惟北方亦食其茎，那是有特嗜食性的原因，非南方人所能食的。

至于"胡荽"就是现在所谓"香菜"，亦作为调味之用。荽《说文》作葰，云："姜属可以香口。"李时珍以为："其茎柔叶细而根多须，绥绥然也。张骞使西域始得种归，故名胡荽。今俗呼为蒝荽，蒝乃茎叶布散之貌。俗作芫花之芫，非矣。"又唐陈藏器《本草拾遗》云："石勒讳胡，故并汾人呼胡荽为香荽。”按：胡荽据中国旧医说有辟鱼肉毒之功，故今人每食鸡鸭肉之类，辄与之同食。据说种此物须诵猥语则茂，因此宋时便有一个笑话，不得不附在这里，以为读者解颐。宋释文莹《湘山野录》云：

冲晦处士李退夫者，携一子游京师，居北郊别墅，带经灌园，持古风外饰。一日，老圃请撒园荽，即《博物志》张骞西域所得胡荽是也。俗传撒此物须主人口诵猥语，播之则茂。退夫固矜纯节，执菜子于手撒之，但低声密诵曰：『夫妇之道，人伦之性。』云云不绝于口。无何客至，不能讫事，戒其子使毕之。其子尤矫于父，执余子咒之曰：『大人已曾上闻。』皇祐中，馆阁以为雅戏，凡淡话清谈，则曰：『宜撒园荽一巡。』

这样故事，是无怪当时成为话柄的。

最后要说到“姜”了。姜字《说文》作薑，云：“御湿之菜也。”按：王安石《字说》：“姜能强御百邪，故谓之姜。”姜亦为调味解腥之用，故可说能强御百邪的。

按：姜为东印度原产，其移植于我国却很早，《礼记·内则》有“楂梨姜桂”，孔子有“不撤姜食”之说，见《论语·乡党》，可知周时用姜已很广的。说者谓姜系辛物，与上述诸物之有臭味者不同。古时本有五荤之说，荤菜即臭菜也，如徐铉《说文注》云：“荤，臭菜也，通谓芸薹、椿、韭、葱、蒜、阿魏之属，方术家所禁，谓气不洁也。”又宋罗愿《尔雅翼》云：“西方以大蒜、小蒜、兴渠、慈葱、茖葱为五荤，道家以韭、蒜、芸薹、胡荽、薤为五荤。”后世乃以鱼肉腥气为荤，实非。孔子于食本很讲究，其所以不撤姜食，即以非荤臭不洁之故。

但姜虽可常食，究竟是辛辣之物，过多亦非所宜，诚如李时珍说：“食姜久积热患目殄，屡试有准。”这话恐怕是对的。姜除了调味以外，又可醋酱糟盐，或加以蜜煎，故与上列诸物，其为用殊较广博的。

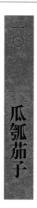

# 一〇 瓜瓠茄子

## Melon, Gourd and Eggplant

瓜

瓜字正象瓜实在须蔓之间的形状，此在我国最古就有了的。但瓜的种类很多，究竟古人所食是哪一种瓜，却颇有考查的必要。

瓜字正象瓜实在须蔓之间的形状，此在我国最古就有了的。但瓜的种类很多，究竟古人所食是哪一种瓜，却颇有考查的必要。按：晋郭义恭《广志》云：

瓜之所出，以辽东、庐江、敦煌之种为美。有乌瓜，鱼瓜，狸头瓜，蜜筩瓜，女臂瓜，龙蹄瓜，羊髓瓜，缣瓜。瓜州大瓜如斛御瓜也。有青登瓜，大如三斗魁。有桂枝瓜长二尺余。蜀地温，良瓜冬熟。有春日瓜，细小，小瓣宜藏，正月种，三月熟。有秋泉瓜，秋种十月熟，形如羊角，色苍黑。

以上所说，实均为甜瓜，亦称“香瓜”，如李时珍《本草纲目》云：

甜瓜北土中州种莳甚多，二三月下种延蔓而生，叶大数寸，五六月花开黄色，六七月瓜熟。其类最繁，有团有长，有尖有扁，大或径尺，小或一捻；其棱或有或无；其色或青或绿，或黄斑糁斑，或白路，黄路；其瓤或白或红，其子或黄或赤，或白或黑。按：王祯《农书》云：『瓜品甚多，不可枚举。以状得名，则有龙肝，虎掌，兔头，狸首，羊髓，蜜筒之称；以色得名，则有乌瓜，白团，黄瓤，白瓤，小青，大斑之别；然其味不出乎甘香而已。《广志》惟以辽东墩煌庐江之瓜为胜，然瓜州之大瓜，阳城之御瓜，西蜀之温瓜，永嘉之寒瓜，未可以优劣论也。甘肃甜瓜皮瓤皆甘胜糖蜜，其皮暴干犹美。浙中一种阴瓜种于阴处，熟则色黄如金，肤皮稍厚，藏之至春，食之如新。此皆种艺之功，不必拘以土地也。』

由此所述，已可尽甜瓜的大概了。至浙中阴瓜，实即今所谓“黄金瓜”，亦即永嘉的寒瓜。李氏于南瓜条下以为即南瓜，又于西瓜条下以为即西瓜，矛盾实多，于此即不攻而自破了。

甜瓜多为生啖，作膳用的很少。此外如越瓜、黄瓜，则生啖膳用都可以了。“越瓜”据唐陈藏器《本草拾遗》云：“生越中，大者色正白，越人当果食之，亦可糟藏。”又李时珍《本草纲目》云：“俗名稍瓜，南人呼为菜瓜。”盖以地则称越，以可作菜食则称菜。他又说：“瓜有青白二色，大如瓠子，一种长者至二尺许，俗呼羊角瓜。其瓜生食，可充果蔬，酱豉糖醋藏浸皆宜，亦可作菹。”按：今所谓酱瓜，即多用菜瓜作的。明王世懋《瓜蔬疏》所谓：“瓜之不堪生啖而堪酱食者曰菜瓜。以甜酱渍之，为蔬中佳味。”其实生啖也并非全无滋味的。

黄瓜本称“胡瓜”，陈藏器云：“北人避石勒讳，改呼黄瓜，至今因之。”李时珍云：“张骞使西域得种，故名胡瓜。”按：杜宝《拾遗录》云，隋大业四年避讳，改胡瓜为黄瓜，与陈氏之说微异。黄瓜亦如菜瓜，生食之外又可酱糟，俗亦称为酱瓜，惟瓜形较菜瓜为小，滋味也不及的。按：《礼记·月令》："孟夏之月，王瓜生。"后人颇多误王瓜即黄瓜，然据李时珍云：

王瓜三月生苗，其蔓多须，嫩时可茹。其叶圆如马蹄而有尖，面青背淡，涩而不光。六七月开五出小黄花，成簇结子累累，熟时有红黄二色，皮亦粗涩，根不似葛，但如栝楼。根之小者澄粉甚白腻，须深掘二三尺乃得正根。江西人栽之沃土，取根作蔬食，味如山药。

是王瓜并非黄瓜，完全是两物的。

此外有“冬瓜”，则专供膳食。据李时珍云：“冬瓜以其冬熟也。又贾思勰《齐民要术》云，冬瓜正二三月种之，若十月种者结瓜肥好，乃胜春种。则冬瓜之名，或又以此也。”又以成熟后皮上分泌白蜡，故古又有“白瓜”之称。李氏又云：“其瓤谓之瓜练，白虚如絮，可以浣练衣服。洗面澡身，去䵟䵳令人悦泽白皙。”这倒是可作肥皂之用了。又如宋张世南《游宦纪闻》云：

董季兴昔尝为世南言，沙随先生绍兴丙午苦淋血之疾，两年不愈。明年七月二十四日筮易，遇涣之观，其辞曰：『涣奔其机悔亡。』俄梦知大冶县赵定叟相访，定叟名不疚，疚久病也，言不久病也。偶董阅《本草》，因见白冬瓜治五淋，于是日食三大瓯，七日而愈。前此百药皆无效。董，沙随先生之婿也，先生尝书此事于家庙之壁。

按：甄权注《本草》云："冬瓜绞汁服，止烦躁热渴，利小肠治五淋，压丹石毒。"但此恐仅能利淋而已，要想根绝怕是未见得罢！

与冬瓜同可供膳食的则为"南瓜"。南瓜于古无闻，李时珍以为："种出南番，转入闽浙，今燕京诸处亦有之矣。按：王祯《农书》云，浙中一种阴瓜，宜阴地种之，秋熟色黄如金，皮肤稍厚，可藏至春，食之如新，疑即南瓜也。"是明时方才有南瓜的。然阴瓜实非南瓜，说详前。又据明王象晋《群芳谱》，别有"番南瓜"一种，云："番南瓜实之纹，如南瓜而色黑绿，蒂颇尖，形似葫芦。"是南瓜为扁圆形，即今所谓"荸荠南瓜"者是，番南瓜则长圆形，是其分别。然两种皆来自外方，今均称为南瓜或番瓜了。据李时珍云："南瓜同猪肉煮食更良，但不可同羊肉食，令人气壅。"又云"多食发脚气黄疸"，则不知有是理否？

最后说到"西瓜"，于最古亦无所闻，其称为西当自西方来，正如南瓜的来自南番。据五代胡峤《陷北记》

云：“入平川始食西瓜，云契丹破回纥得此种，以牛粪覆棚而种，大如中国冬瓜而味甘。”其后宋洪皓使金，遂携其种以归。所以明刘元卿《贤弈篇》云：

> 中国初无西瓜，见洪忠宣皓《松漠纪闻》。盖使金虏贬遁阴山，于陈王悟室得食之，云种以牛粪，结实大如斗，绝甘冷，可蠲暑疾。《丹铅馀录》引五代郃阳令胡峤《陷虏记》云：『于回纥得瓜，名曰西瓜。』其言与忠宣同，以为至五代始入中国。按：忠宣使虏乃称创见，则峤尝之于陷虏之日，而不能种之于中国也。其在中土，则自靖康而后；其在江南，或忠宣移种归耳。

是我国之有西瓜，实始于宋时。但李时珍独以为：“陶弘景注瓜蒂，言永嘉有寒瓜甚大，可藏至春者，即此也。盖五代之先，瓜种已入浙东，但无西瓜之名，未遍中国

瓜

南瓜为扁圆形，即今所谓"荸荠南瓜"者是，番南瓜则长圆形，是其分别。然两种皆来自外方，今均称为南瓜或番瓜了。

耳。”是梁时已有其瓜，惟犹无西瓜之名，此说实非，盖既为西瓜，决不会永嘉独有；而且可藏至春，也决非西瓜一种，冬瓜南瓜也可如此的。此寒瓜实为甜瓜的一种，说已详前。按：今植物学家研究，西瓜为南非洲原产，其传入中国，或不能过早的。种类颇多，诚如李时珍所说：“实有围及径尺者；长至二尺者；其棱或有或无；其色或青或绿；其瓤或白或红，红者味尤胜；其子或黄或红或黑或白，白者味更劣；其味有甘有淡有酸，酸者为下。”又据明王世懋《瓜蔬疏》云：“吾地（按指太仓）以蒋福栅桥二处为绝品，然家园中所种色青白而作枕样者便佳，不必蒋栅也。”按：今沪人亦以枕样者为佳，出于浙江平湖的尤有名，俗称“平湖枕瓜”云。又李时珍云：“以瓜划破曝日中少顷，食即冷如水也。得酒气近糯米即易烂，猫踏之即易沙。”凡此皆不知是否为李氏经验之谈，倒可一试究竟的。

此外尚有一种“丝瓜”，也可供食用，但通常多待瓜老之后，取其筋络以为洗涤釜器之用。李时珍云：

此瓜老则筋丝罗织，故有『丝罗』之名。昔人谓之『鱼鰦』，或云『虞刺』，始自南方来，故云『蛮瓜』。唐宋以前无闻，今南北皆有之，以为常蔬。二月下种，六七月开黄花。其瓜大寸许，长一二尺，甚则三四尺，深绿色有皱点，瓜头如鳖首。嫩时去皮，可烹可曝，点茶充蔬。老则大如杵，筋络缠纽如织成，经霜乃枯，惟可藉靴履涤釜器，故村人呼为『洗锅罗瓜』。

又有一种"苦瓜"，以其味苦而得名。又以瓜有皱纹如荔枝而大，亦名"锦荔枝"。徐光启《农政全书》云"又名癞葡萄"，盖亦象其形状，骤视如葡萄然。据李时珍云：

苦瓜原出南番，今闽广皆种之。五月下子，生苗引蔓，茎叶卷须并如葡萄而小。七八月开小黄花，结瓜长者四五寸，短者二三寸，青色，皮上痱瘰如癞，及荔枝壳状。熟则黄色自裂，内有红瓤裹子，瓤味甘可食。其子形扁如瓜子，亦有痱瘰。南人以青皮煮肉及盐酱充蔬，苦涩有青气。

按：此瓜古亦未闻，明费信《星槎胜览》云："苏门答剌国一等瓜皮若荔枝，未剖时甚臭如烂蒜，剖开如囊，味如酥，香甜可口。"疑即此苦瓜了，或在明时由该地传入我国的。

与瓜相似的尚有"葫芦"，今植物学家即以瓜与葫芦同属于葫芦科。我国古时又有壶瓠匏瓢等称，壶亦称为壶卢，如晋崔豹《古今注》云：

『匏』，瓠也。『壶卢』，瓠之无柄者也。瓠有柄者曰『悬瓠』，可为笙，曲沃者尤善，秋乃可用，用则漆其里。『瓢』亦瓠也，瓠其总，瓢其别也。

是以匏瓠为一种，壶卢为一种。此说古皆如此，然至宋陆佃作《埤雅》则反对其说，他云：

长而瘦上曰『瓠』，短颈大腹曰『匏』。《传》曰『匏谓之瓠』，误矣；盖匏苦瓠甘，复有长短之殊，定非一物也。

此《传》乃指《诗经·毛传》，其传《匏有苦叶》云：“匏谓之瓠，瓠叶苦不可食也。”至明李时珍作《本草纲目》，则分别更明，他说：

『壶』，酒器也；『卢』，饮器也，此物各象其形，又可为酒饭之器，因以名之，俗作葫芦者非矣。『葫』乃蒜名，『芦』乃苇属也。其圆者曰『匏』，亦曰『瓢』，因其可以浮水如泡如漂也；凡蓏属皆得称瓜，故曰『瓠瓜』『匏瓜』。古人壶瓠匏三名皆可通称，初无分别。……后世以长如越瓜首尾如一者为『瓠』，音护。瓠之一头有腹长柄者为『悬瓠』，无柄而圆大形扁者为『匏』，匏之有短柄大腹者为『壶』，壶之细腰者为『蒲卢』，各分名色，迥异于古，以今参详，其形状虽各不同，而苗叶皮子性味则一，故兹不复分条焉。悬瓠，今人所谓茶酒瓢者是也，蒲卢，今之药壶卢是也。

是以壶卢为总名，即俗所谓葫芦，长者为瓠，扁圆者为匏，大腹者为壶，细腰者为蒲卢，实为同种，不过实的形状有异而已。又按：明王象晋《群芳谱》云："瓠子江南名扁蒲。"按：浙东一带又称"夜开花"，云其花于夜间开的。

壶卢之类在古时大约是不重食用而重其可为器用的，所以如宋陶縠《清异录》云："瓠少味无韵，荤素俱不相宜，俗呼净街槌。"又如《卢氏杂说》云：

郑馀庆清俭有重德，一日忽召亲朋官数人会食，众皆惊。朝僚以故相望重，皆凌晨诣之。至日高余，馀庆方出，闲话移时，诸人皆枵然。馀庆呼左右曰：『处分厨家，烂蒸去毛，莫拗折项。』诸人相顾，以为必蒸鹅鸭之类。逡巡舁台盘出酱醋，亦极香新。良久就餐，每人前下粟米饭一碗，蒸葫芦一枚。相国餐美，诸人强进而罢。

可知此物在当时极为贱视的，郑氏此举，未免委屈一般朝僚了。

此外尚有一种“茄子”，虽非瓜类，而也如瓜瓠可供食用，兹亦附说于此。

茄子一名“落苏”，又有“昆仑瓜”之称。而茄本不读伽音，如唐段成式《酉阳杂俎》云：

> 茄子茄字，本莲茎名，革遐反；今呼伽，未知所自。成式因就节下食有伽子数蒂，偶问工部员外郎张周封伽子故事，张云：『一名落苏，事具《食疗本草》。』此误作《食疗本草》元出《拾遗本草》，成式记得隐侯《行园诗》云：『寒瓜方卧垅，秋菰正满陂。紫茄纷烂漫，绿芋郁参差。』又一名『昆仑瓜』。岭南茄子宿根成树，高五六尺，姚向曾为南选使亲见之。



按：茄子实为印度原产，其传入中国，当在六朝之间，汉王褒《僮约》所谓“别茄披葱”，此茄恐怕犹非后来的茄。大约字乃借用，音或从其原来伽音的。其名落苏，据宋陆游《老学庵笔记》云："茄子一名落苏，或云钱王有子跛足，以声相近，故恶人言茄子；亦未必然。"此或云只是传说而已，故陆氏亦未信其说。又李时珍《本草纲目》云："按：《五代贻子录》作酪酥，盖以其味如酥酪也，于义似通。"是又以落苏为酪酥之误。不知原意确实如此否？至昆仑瓜据杜宝《大业拾遗录》云："隋炀帝改茄子为昆仑紫瓜。"其称昆仑，当系传自西方之意。

茄的种类普通有青茄、紫茄、白茄。白茄亦名银茄，更胜于青茄，产于北方，南方则以紫茄为多。据元王祯《农书》(《本草纲目》引)云：

> 一种『渤海茄』，白色而坚实。一种『番茄』，白而扁，甘脆不涩，生熟可食。一种『紫茄』，形紫华长，味甘。一种水茄，形长味甘，可以止渴。

按：此番茄与今之番茄不同，现在的番茄虽亦扁圆形，但均为红色或黄色，没有作白色的，原为南美秘鲁原产，近年始传入我国，而营养成分较他茄为丰的。

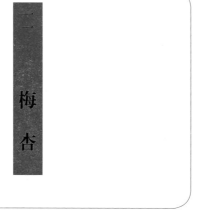

# 二 梅 杏



Plums and Apricots

梅本作呆，象子在木上的形状。梅与杏相似，所以反杏为呆。字本从甘从木，书家讹作甘木，遂作某字。某字后来又作为不知名的意思，于是字又作梅。但梅如《尔雅》所释，本为楠木，后人以其音同而借用的。到了现今，呆某既已不用，梅也专训作梅，不再为楠木了。

梅在最古时候，并不被人重视，如《书·说命》："若作和羹，尔惟盐梅。"据《传》："盐咸梅醋，羹须咸醋以和之。"只当它是一种酸物，作为调味之用。《礼记·内则》中亦有"桃诸梅诸卵盐"之说，诸即是菹，就像现在的藏桃藏梅，吃时和以卵盐，就是大块的盐。都是说到它的果实方面，可供吃用而已。至后世则大称赞其花，如宋范成大《梅谱》云："梅天下尤物，无问智贤愚不肖，莫敢有异议。学圃之士，必先种梅，且不厌多，他花有无多少，皆不系重轻。"隐然有花中王之意。宋张镃《玉照堂梅品》，也有"梅花为天下神奇，而诗人尤所酷好"之说。是梅花之称为神奇，盖由诗人酷好而来。此风虽始于六朝，而实甚于唐宋，如宋杨万里《和梅诗序》云：

> 梅之名肇于炎帝之经，著于《说命》之书，《召南》之诗，然以滋不以象，以实不以华也。岂古之人，皆质而不尚其华欤？然华如桃李，颜如舜华，不尚华哉？而独遗梅之华何也？至楚之骚人饮芳而食菲，佩芳馨而食葩藻，尽掇天下之香草嘉木，以苾芬其四体，而金玉其言语文章，尽远取江蓠杜若而近舍梅，岂偶遗之欤？抑梅之未遭欤？南北诸子如阴铿、何逊、苏子卿诗人之风流，至此极矣，梅于时始以花闻天下。及唐之李杜，本朝之苏黄崛起千载之下，而躏藉千载之上，遂主风月花草之夏盟，而于其间始出桃李兰蕙而居客之左；盖梅之有遭，未有盛于此时者也。

而唐宋之际，实以林逋爱之最甚，相传他："隐于武林之西湖，不娶无子。所居多种梅畜鹤，泛舟湖中，客至则放鹤致之，因谓梅妻鹤子云。"（宋阮阅《诗话总龟》）此外范成大自云："于石湖玉雪坡既有梅数百本，比年又于舍南买王氏僦舍七十楹，尽拆除之，治为范村，以

梅

宋范成大《梅谱》云："梅天下尤物，无问智贤愚不肖，莫敢有异议。学圃之士，必先种梅，且不厌多，他花有无多少，皆不系重轻。"隐然有花中王之意。

其地三分之一与梅。”(《梅谱》)张镃自云:“予得曹氏荒圃于南湖之滨,有古梅数十,散漫弗治,爰辍地十亩,移种成列,增取西湖北山别圃红梅合三百余本,筑堂数间以临之。”(《玉照堂梅品》)至明则有王冕,“隐九里山,树梅花千株,桃柳居其半,结茅庐三间,自题为梅花屋。”(《玉壶冰》)其他则所在多有,不胜尽述。而咏梅之作,更连篇累牍,有多至千篇的,如宋周必大《二老堂诗话》云:

政和中,庐陵太守程祁,学有渊源,尤工诗。在郡六年,郡人段子冲字谦叔,学问过人,自号潜叟。郡以遗逸八行荐,力辞。与程唱酬梅花绝句,展转千首,识者已叹其博。近岁有同年陈从古字希颜,裒古今梅花诗八百篇,一一次韵。其自序云:『在汉、晋未之或开。自宋鲍照之下,仅得十七人共二十一首。唐诗人最盛,杜少陵才二首,白乐天四首,元微之、韩退之、柳子厚、刘梦得、杜牧之各一首,自余不过一二;如李翰林、韦苏州、孟东野、皮日休诸人,则又寂无一篇。至本朝方盛行。而余日积月累,酬和千篇云。』

此外如《元史·欧阳玄传》所述："玄幼岐嶷，八岁即知属文。部使者行县，玄以诸生见命赋梅花诗，立成十首，晚归增至百首，见者骇异之。"以一日之间，竟成梅花诗百首，也可为咏梅的圣手了。至清时如彭玉麟亦常咏梅，相传多至万首，那是别有所属，据说是为他的爱人梅仙的缘故，当然与专指梅的不同了。然这许多梅诗之中，自来最赏识的是林逋"疏影横斜水清浅，暗香浮动月黄昏"两句，以为最能写出梅花的风韵的。

以上所说，只是说到诗人对于梅花的酷好而已，我们这里还应当说说梅的种类。梅的种类据范成大《梅谱》，有江梅、早梅、官城梅、消梅、古梅、重叶梅、绿萼梅、百叶缃梅、红梅、鸳鸯梅、杏梅等种。其中"江梅"即野生的梅，实小而硬，又名"直脚梅"。"早梅"因在冬至前已开花，故有此名；尚有一种更早的，在重阳日便开了。"官城梅"即就江梅花肥实美的接之，是与江梅为一类。"消梅"也与江梅相似，惟其实圆小而松脆。"古梅"并非古时的梅，乃其状如古木，有薹须垂于枝间，实与常梅同，而产于会稽一带。“重叶”“绿萼”“百叶”皆就其叶萼而言。“红梅”花为粉红色，与常梅异，而颇似杏。“鸳鸯梅”为多叶红梅，一蒂双果，故名。“杏梅”花亦微红，而结实甚扁，全似杏味。此外尚有“蜡梅”，实非梅类，《梅谱》说它又分三种，其说云：

> 蜡梅本非梅类，以其与梅同时，而香又相近，色酷似蜜脾，故名蜡梅。凡三种：以子种出不经接，花小香淡，其品最下，俗谓之『狗蝇梅』；经接花疏，虽盛开，花常半含，名『磬口梅』，言似僧磬之口也；最先开，色深黄如紫檀，花密香浓，名『檀香梅』，此品最佳。蜡梅香极清芳，殆过梅香，初不以形状贵也。此花多宿叶，结实如垂铃，尖长寸余，又如大桃奴，子在其中。

又据宋周紫芝《竹坡诗话》云:“东南之有蜡梅,盖自近时始,余为儿童时犹未之见。元祐间鲁直诸公方有诗,前此未尝有赋此诗者。”是蜡梅至宋时方有,但不知系传自何地的。

梅实味酸,所以多吃则能损齿,据说可嚼胡桃肉解之,又据僧赞宁《物类相感志》云:“梅子同韶粉食,则不酸不软牙。”是又可用韶粉的。

又青梅可以制为白梅与乌梅,其作法据《居家必要》云:

取大青梅以盐渍之,日晒夜渍,十昼十夜,便成白梅,调鼎和虀,所在任用。青梅篮盛突,上熏黑,即成乌梅,用以入药,不任调食。以稻灰淋汁润湿蒸过,则肥泽不蠹;亦可糖藏蜜煎作果。乌梅洗净捣烂,水煮滚,入红糖使酸甘得宜,水内泡冷,暑月饮甚妙。

则殊为简便。后一种即今所谓酸梅汤，夏日饮者颇多的。

杏字篆文象子在木枝的形状，从廿非从口。五代杨行密以“行”“杏”音同，改称为“甜梅”。梅杏古多并称，以其树木叶的形状相似，但梅花早而白，杏花晚而红；梅实小而酸，杏实大而甜，是其不同的地方。

杏的种类不多，据明李时珍《本草纲目》所载，仅有下列数种：



诸杏叶皆圆而有尖，二月开红花，亦有千叶者不结实。甘而有沙者为『沙杏』，黄而带酢者为『梅杏』，青而带黄者为『柰杏』，其『金杏』大如梨，黄如橘。《西京杂记》载『蓬莱杏』花五色，盖异种也。按王祯《农书》云：『北方肉杏甚佳，赤大而扁，谓之金刚拳。』

此外尚有一种"银杏"，虽名为杏，实非杏类，今植物学上称为"公孙树"。据李时珍云："原生江南，叶似鸭掌，因名鸭脚；宋初始入贡，改呼银杏，因其形似小杏而核色白也；今名白果。"其树高百尺余，大或至合抱，可作栋梁，所以绝非杏类矮小的可比。

杏虽与梅相似，但古来多爱梅而不爱杏，有之惟如晋葛洪《神仙传》中所说，董奉一人而已。《传》(《太平广记》引)云：

> 董奉居山不种田，日为人治病，亦不取钱，重病愈者，使栽杏五株，轻者一株，如此数年计得十万余株，郁然成林。乃使山中百禽群兽，游戏其下，卒不生草，常如芸治也。后杏子大熟，于林中作一草仓，示时人曰：『欲买杏者不须报奉，但将谷一器置仓中，即自往取一器杏去。』常有人置谷少而取杏去多者，林中群虎出吼逐之，大怖，急挈杏走，路傍倾覆，至家量杏一如谷多少。或有人偷杏者，虎逐之到家，啮至死。家人知其偷杏，乃送还奉，叩头谢过，乃却使活。奉每年货杏得谷，旋以赈救贫乏，供给行旅不逮者，岁二万余斛。

爱杏或是事实，虎出吼逐，则未免是神仙家的话了。

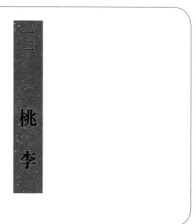

# 二 桃李

Peaches and Plums

桃字从木从兆，据明李时珍在《本草纲目》里解释说："桃性早花，易植而子繁，故字从木兆；十亿曰兆，言其多也。或云从兆，谐声也。"但这恐怕是李氏想象之辞，前人未曾说过，原意当是"从兆谐声"。不过后人对于桃字，确如李氏所说，含有多的意思，所以如诞辰宴客，称为桃樽；送人寿礼，称为桃仪；还有送寿用的馒头，称为寿桃。同时《汉武帝内传》(《太平广记》引)里，有这样一个传说：

七月七日，西王母降，命侍女索桃果。须臾，以玉盘盛仙桃七颗，大如鸭卵，形圆青色，以呈王母。母以四颗与帝，三颗自食。桃味甘美，口有盈味，帝食辄收其核。王母问帝，帝曰："欲种之。"母曰："此桃三千年一生实，中夏地薄，种之不生。"帝乃止。

于是格外以为桃是长寿之征了。其实桃树的寿命最短，不过十年而已，如后魏贾思勰《齐民要术》云：“桃性皮急，四年以上宜以刀竖劚其皮，七八年便老，十年则死。”所以以桃为长寿，实在上了西王母的当了。

而且更为奇怪的，说桃木能够制鬼，可以避邪驱疫。此种迷信，到现在还很盛行。其原因诚如宋罗愿《尔雅翼》云：

> 桃能去不祥，故古者植门以桃梗，出冰以桃弧，临丧以桃茢。《典术》曰：『桃者五木之精，仙木也，故厌伏邪气，制百鬼。』或曰：『东海中有度朔山，上有大桃木，蟠屈三千里。其枝东北曰鬼门，万鬼之所出入，有二神人曰神荼、郁垒，主阅众鬼之恶害人者，执以苇索，而用以饲虎。黄帝法而象之，驱除毕，因立桃梗于门户上，画郁垒执苇索焉。』又《淮南子》曰：『羿死于桃棓。』棓，大杖也，言为桃木所击死，由是以来鬼畏之。其实桃西方之木，味辛气恶，物或恶之；木之不用桃，犹菜之不用辛也。古者出冰，桃弧棘矢，以除其灾；荆楚设之以共御王事，则其来久矣。

按：或曰据汉应劭《风俗通》云出《黄帝书》，是此种传说，于古就有。"桃弧棘矢"事见《左传》，可知周时已有此风，而认桃为仙木，后之西王母三千年一生实之说，大约也由此而来罢！但这些诚如庄子所说："插桃枝于户，连灰其下，童子入而不畏，而鬼畏之，是鬼智不如童子也。"原是一种奇谈，无足为辨。不过古时确有因食桃而杀人的，这就是《晏子春秋》所谓"二桃杀三士"，却值得在这里附录一下：



公孙接、田开疆、古冶子事景公，以勇力搏虎闻。晏子过而趋，三子者不起。晏子入见公曰：『臣闻明君之蓄勇力之士也，上有君臣之义，下有长率之伦，内可以禁暴，外可以威敌，上利其功，下服其勇，故尊其位，重其禄。今君之蓄勇力之士也，上无君臣之义，下无长率之伦，内不以禁暴，外不可威敌，此危国之器也，不若去之。』公曰：『三子者，搏之恐不得，刺之恐不中也。』晏子曰：『此皆力攻勍敌之人也，无长幼之礼。』因请公使人少馈之二桃，曰：『三子何不计功而食桃？』公孙接仰天而叹曰：『晏子智人也，夫使公之计吾功者，不受桃，是无勇也。士众而桃寡，何不计功而食桃矣。接一搏豜而再搏乳虎，若接之功，可以食桃，而无与人同矣。』援桃而起。田开疆曰：『吾仗兵而却三军者再，若开疆之功，亦可以食桃，而无与人同矣。』援桃而起。古冶子曰：『吾尝从君济于河，鼋御左骖以入砥柱之流。当是时也，冶少不能游，潜行逆流百步，顺流九里，得鼋而杀之。左操骖尾，右挈鼋头，鹤跃而出津，人皆曰河伯也，若冶视之，则大鼋之首。若冶之功，亦可以食桃，而无与人同矣。二子何不反桃？』抽剑而起。公孙接、田开疆曰：『吾勇不子若，功不子逮，取桃不让，是贪也；然而不死，无勇也。』皆反其桃，挈领而死。古冶子曰：『二子死之，冶独生之，不仁；耻人以言，而夸其声，不义；恨乎所行，不死，无勇。虽然，二子同桃而节，冶专其桃而宜。』亦反其桃，挈领而死。使者复曰：『已死矣。』公殓之以服，葬之以士礼焉。

这故事，后人咏为诗歌，演为小说，编为戏剧很多，是历史上很著名的一件政治案。

为了李氏的一句话，引出了这许多桃的故事，现在暂且打住罢，回头来说说桃的本身。

桃原是我国的原产，种类很多，仍引李氏在《本草纲目》里所说：

桃品甚多，易于栽种，且早结实。其花有红、紫、白、千叶、二色之殊。其实有红桃、绯桃、碧桃、缃桃、白桃、乌桃、金桃、银桃、胭脂桃，皆以色名者也；有绵桃、油桃、御桃、方桃、匾桃、偏核桃，皆以形名者也；有五月早桃、十月冬桃、秋桃、霜桃，皆以时名者也；并可供食。惟山中毛桃，即《尔雅》所谓「褫桃」者，小而多毛，核粘味恶，其仁充满多脂，可入药用，盖外不足者内有余也。「冬桃」一名西王母桃，一名仙人桃，即昆仑桃，形如栝楼，表里彻赤，得霜始熟。「方桃」形微方。「匾桃」出南番形匾肉涩，核状如盒，其仁甘美，番人珍之，名波淡树，树甚高大。「偏核桃」出波斯，形薄而尖，头偏，状如半月，其仁酷似新罗桃子，可食，性热。又杨维祯、宋濂集中，并载元朝御库「蟠桃」，核大如碗，以为神异。按：王子年《拾遗记》载：「汉明帝时，常山献巨核桃，霜下始花，隆暑方熟。」《玄中记》载：「积石之桃，大如斗斛器。」《酉阳杂俎》载：「九疑有桃，核半扇可容米一升。」及蜀后主有桃核杯半扇，容水五升，良久如酒味可饮。此皆桃之极大者。昔人谓桃为仙果，殆此类欤？

按：以上所述，今各地或尚有之，惟独无“水蜜桃”之名。按：明王象晋《群芳谱》有云：“水蜜桃，独上海有之，而顾尚宝西园所出尤佳，其味亚于生荔枝。”是明时未尝没有的。又据清王韬《瀛壖杂志》云：

桃实为吴乡佳果，其名目不一，而尤以沪中水蜜桃为天下冠，相传系顾氏露香园遗种。花色较淡，实亦不甚大，皮薄浆甘，入口即化，无一点酸味。最佳者每过一雷雨，辄有红晕。其树以秋分时铲枝接种，非老本也。五年后结实始美，惜易蠹蚀，七八年即萎。在城西一带者为真种，移植他处则味减。近年真种甚难得，且每逢垂熟，官票封园，胥吏从中渔利，高其价以售之民，一桃辄百钱，贫士老饕颇难属餍。

按：顾氏露香园即《群芳谱》中所谓顾尚宝西园。此种水蜜桃种，据张鸣鹤《谷水旧闻》云得自大同，但现在大同却无水蜜桃之名，这大约是水土的关系罢！到了现在，园址久废，植桃区域已移至龙华以南，所以普通称为龙华水蜜桃了。而浙江奉化一带，移植颇多，故奉化水蜜桃，也颇负盛名的。天津也有此桃，则实大于奉化云。

说到这里，我们又要述一则神仙的故事，说桃可以成仙。晋葛洪《神仙传》云：

张道陵弟子至数万，九鼎大要，惟付王长一人。有赵昇者，从东方来。陵将诸弟子登云台绝岩之上，下有一桃树如人臂，傍生石壁，下临不测之渊，桃大有实。陵谓诸弟子曰：『有人能得此桃实，当告以道要。』于时伏而窥之者二百余人，股战流汗，无敢久临视之者，莫不却退而还，谢不能得。昇一人乃曰：『神之所护，何险之有？圣师在此，终不使吾死于谷中耳。师有教者，必是此桃有可得之理故耳。』乃从上自掷投树上，足不蹉跌，取桃实满怀。而石壁险峻，无所攀缘，不能得返，于是乃以桃一一掷上，正得二百二颗。陵得而分赐诸弟子各一，陵自食一，留一以待昇。乃以手引昇，众视之，见陵臂加长三二丈引昇。昇忽然来还，乃以向所留桃与之。昇食桃毕，陵乃临谷上戏笑而言曰：『赵昇心自正，能投树上，足不蹉跌。吾今欲自试投下，当应得大桃也。』众人皆谏，惟昇与王长嘿然。陵遂投空不落桃上，失陵所在，四方皆仰，上则连天，下则无底，往无道路，莫不惊叹悲涕。惟昇长二人，良久乃相谓曰：『师则父也，自投不测之崖，吾何以自安？』乃俱投身而下，正堕陵前，见陵坐局脚床斗帐中。见昇长二人笑曰：『吾知汝来。』乃授二人道毕，三日乃还，归治旧舍。诸弟子惊悲不息。后陵与昇长三人，皆白日冲天而去。

这当然是神话，但由此可知张道陵原来是食桃而成仙的，桃之在古人可谓神秘极了，无怪《典术》有仙木之称。此外宋刘义庆《幽明录》载后汉明帝时，剡县有刘晨、阮肇共入天台山的桃源洞，也是为了吃了一桃而得与仙女相会，留半载求归，而人间已过七世了。这神话大家都知道的，这里也不详谈了。

总之，桃在果木之中，本来是最普通的，不足为奇，可是后来竟把它当作仙木，当作仙果，那恐怕是方士道家之徒所敷会出来的，因为桃道音同，所以他们特别看重它罢！这当然是我个人推想而已，详细还有待于考证。

其次说“李”，李与桃在古时往往并称的。这在现在说起来，同属蔷薇科樱桃属，又同于春月开花，确可归为一类。古时则尚有“桃三李四”之说，意谓桃生三岁便放花果，李生四岁亦能如此。又古有“五果”之说，谓梅、杏、李、桃、栗，李、桃正相连称，这也是桃李并称的原因罢！

李字从木从子，据宋陆佃《埤雅》引《素问》云：

"李，东方之果，木子也，故其字从木从子。"宋罗愿《尔雅翼》则以为："李，木之多子者，故从子，亦南方之果也；火者木之子，故名。若古文则木傍子为杍。"都以为李是木之子，所以作李，古文则作杍。此木乃五行之木，李时珍《本草纲目》所谓："李味酸属肝，东方之果也。李于五果属木，故得专称耳。"而以罗释"木之多子者"为非，以为："木之多子者多矣，何独李称木子耶？"

李的种类很多，数可近百，其大略如明王象晋《群芳谱》所云：

李实有离核，合核，无核之异。小时青，熟则各色，有红有紫有黄有绿，又有外青内白，外青内红者。大者如杯如卵，小者如弹如樱。其味有甘酸苦涩之殊。性耐久，树可得三十年，虽枝枯子亦不细。种类颇多，有麦李、南居李、季春李、木李、御黄李、均亭李、擘李、糕李、中植李、赵李、御李、赤驳李、冬李、离核李，皆李之特出者。他如经李、杏李、黄扁李、夏李、名李、缥青李、建黄李、青皮李、赤陵李、马肝李、牛心李、紫粉李、小青李、水李、扁缝李、金李、鼠精李、合枝李、柰李、晚李之类，未可悉数。建宁者甚甘，今之李干皆从此出。

桃在果木之中，本来是最普通的，不足为奇，可是后来竟把它当作仙木，当作仙果，那恐怕是方士道家之徒所敷会出来的，因为桃道音同，所以他们特别看重它罢！

这许多李种，据元王祯《农书》云：“北方一种御黄李，形大而肉厚核小，甘香而美；江南建宁一种均亭李，紫而肥大，味甘如蜜；有擘李熟则自裂；有糕李肥粘如糕；皆李之嘉美者也。”又据《本草纲目》云：“诸李早则麦李御李，四月熟；迟则晚李冬李，十月十一月熟。”其中麦李盖与麦同熟之李。御李据宋姚宽《西溪丛语》云：“许昌节度使小厅，是故魏景福殿。魏太祖挟献帝自洛都许，许州，有小李子色黄，大如樱桃，谓之御李子，即献帝所植。”南居李据梁陶弘景《本草注》云：“姑熟有南居李，解核如杏子形者。”木李据后魏贾思勰《齐民要术》云：“今世有木李，实绝大而美。又有中植李，在麦谷前而熟者。”赵李即《尔雅》所谓“休”，乃无实的李。《尔雅翼》云：“休，无实李。李实繁，则有窃食之嫌，虽欲正冠其下且不可。无实则其下可休矣。行人谓之行李，亦或取于此。”按：《古乐府》有“君子防未然，不处嫌疑间。瓜田不纳履，李下不整冠”。窃食之嫌，即从此乐府而出。鼠精李据

《好事集》云:"王侍中家堂前,有鼠从地出,其穴即生李树,花实俱好,此鼠精李也。"则出于传说。其余无用解释,皆浅而易明者。此外李尚有"嘉庆子"的别称,据唐韦述《两京记》云:

东都嘉庆坊有李树,其实甘鲜,为京都之美,故称嘉庆李。今人但言嘉庆子,盖称谓既熟,不加李亦可记也。

李的种类大略就是如此,现在或有或无。至于植李的故事,最可笑的当如汉应劭《风俗通》所载:

汝南南顿张助，于田中种禾见李核，意欲持去，顾见空桑中有土，因殖种以余浆溉灌，后人见桑中反复生李，转相告语。有病目痛者息阴下，言李君令我目愈，谢以一豚。目痛小疾，亦行自愈，众犬吠声，因盲者得视远近翕赫，其下车骑常数千百，酒肉滂沱。间一岁余，张助远出来还，见之惊云：『此有何神？乃我所种耳。』因就斫也。

这真给迷信神灵者一个当头棒喝，无怪张助一见就把它斩了。

# 一三 梨柿苹果

Pears, Persimmons and Apples

梨据元朱震亨《本草衍义补遗》云:“梨者利也,其性下行流利也。”是梨因利而得名。又宋罗愿《尔雅翼》云:“梨,果之适口者,剖裂以食,故古人言剖裂为剖梨。”是梨又有剖的意思。又梁陶弘景《本草注》云:“梨种殊多,并皆冷利,多食损人,故俗人谓之快果,不入药用。”快果之称,现在似已无闻。至多食损人,李时珍却反对其说,他在《本草纲目》里云:

《别录》著梨止言其害,不著其功。陶隐居言梨不入药。盖古人论病,多主风寒,用药皆是桂附,故不知梨有治风热润肺凉心清痰降火解毒之功也。今人痰病火病,十居六七,梨之有益,盖不为少,但不宜过食尔。按:《类编》云:一士人状若有疾,厌厌无聊,往谒杨吉老诊之。杨曰:『君热证已极,气血消铄,此去三年,当以疽死。』士人不乐而去,闻茅山有道士,医术通神,而不欲自鸣,乃衣仆衣诣山拜之,愿执薪水之役。道士留置弟子中。久之以实白道士,道士诊之,笑曰:『汝便下山,但日日吃好梨一颗。如生梨已尽,则取干者泡汤食滓饮汁,疾自当平。』士人如其戒,经一岁复见吉老,见其颜貌腴泽,脉息和平,惊曰:『君必遇异人;不然,岂有痊理?』士人备告吉老,吉老具衣冠望茅山设拜,自咎其学之未至。此与《琐

百福万年

言》之说仿佛。观夫二条，则梨之功岂小补哉？然惟乳梨鹅梨消梨可食，余梨则亦不能去病也。

是梨之功用实大。所谓《琐言》乃五代孙光宪《北梦琐言》，大略云："一朝士，见奉御梁新诊之，曰风疾已深，请速归去。复见鄜州马医赵鄂诊之，言与梁同，但请多吃消梨，咀龁不及，绞汁而饮。到家旬日，惟吃消梨，顿爽也。"

至于梨的种类，据《本草纲目》所载，有下面数种：

梨有青黄红紫四色。『乳梨』即雪梨，『鹅梨』即绵梨，『消梨』即香水梨也，俱为上品，可以治病。……其他青皮、早谷、半斤、沙糜诸梨，皆粗涩不堪，止可蒸煮及切烘为脯尔。……昔人言梨，皆以常山真定，山阳巨野，梁国睢阳，齐国临淄、巨鹿、弘农、京兆、邺都、洛阳为称，盖好梨多产于北土，南方惟宣城者为胜。

按：今以河北的河间，山东的莱阳所出的最佳，俗称“雅梨”，实即消梨。消梨之意，谓能入口即消。又古时盛称“哀家梨”，实亦消梨的一种。如宋刘义庆《世说新语》云：

桓南郡每见人不快，辄嗔曰：『君得哀家梨，当复不蒸食否？』（注）秣陵有哀家梨，大如升，味甚美，入口即消。

此哀家乃哀仲，后来文士颇多引用，然今早已无闻，只为历史上的故实而已。

此外梨又有“果宗”“蜜父”之称。果宗谓百果之宗，见《宋书·张邵传》：

邵子敷，有名于世。武帝闻其美，召见奇之，以为世子中军参军，迁正员中书郎。敷小名查，父邵小名梨，文帝戏之曰：『查何如梨？』敷曰：『梨为百果之宗，查何可比？』

蜜父见宋陶榖《清异录》，云："建业野人种梨者，诧其味曰蜜父。"

又梨亦可以酿酒，但并非如唐时的"梨花春"，于梨花开时酿熟的，乃是真用梨酿成，如宋周密《癸辛杂识》云：

> 李仲宾云：向其家有梨园，其树之大者每株收梨二车。忽一岁盛生，触处皆然，数倍常年，以此不可售，甚至用以饲猪，其贱可知。有所谓山梨者，味极佳，意颇惜之，漫用大瓮储数百枚，以缶盖而泥其口，意欲久藏，旋取食之。久则忘之，及半岁后，因至园中，忽闻酒气熏人，疑守舍者酿熟，因索之，则无有也；因启观所藏梨，则化而为水，清冷可爱，湛然甘美，真佳酝也，饮之辄醉。回回国葡萄酒止用葡萄酿之，初不杂以他物，始知梨可酿，实前所未闻也。

此法于今亦可仿而行之，不知也能成甘美的佳酝否？

柹本作柹。而此柿音肺，乃削下的木片，惟今多混作柿，稍加分别的则作栜，所以我们也写作柿。

柿的种类很多，而且古有七绝之称，如宋苏颂《本草图经》云：

柿南北皆有之，其种亦多。「红柿」所在皆有，「黄柿」生汴洛诸州，「朱柿」出华山，似红柿而圆小，皮薄可爱，味更甘珍；「椑柿」色青可生啖。诸柿食之皆美而益人；又有小柿谓之「软枣」，俗呼为「牛奶柿」。世传柿有七绝：一多寿，二多阴，三无鸟巢，四无虫蠹，五霜叶可玩，六嘉实，七落叶肥滑可以临书也。

今又以青柿置器中自红的叫“烘柿”，日干的叫“白柿”，也称“柿饼”，火干的叫“乌柿”，软枣也叫“猴枣”。柿性寒，所以医家相传，不可与蟹同食，因两物皆寒；否则使人腹痛作泻，但用木香可解。此指烘柿而言，若为白柿，据李时珍在《本草纲目》里说，却大有神秘的功效。他说：

> 柿乃脾肺血分之果也，其味甘而气平，性涩而能收，故有健脾涩肠治嗽止血之功。……按：方勺《泊宅编》云：『外兄刘掾云病脏毒，下血凡半月，自分必死，得一方，只以干柿烧灰，饮服二钱遂愈。』又王璆《百一方》云：曾通判子病下血十年，亦用此方一服而愈。……则柿为太阴血分之药，益可征矣。又《经验方》云：有人三世死于反胃病，至孙得一方，用干柿饼同干饭日日食之，绝不用水饮，如法食之，其病遂愈，此又一征也。

是多食一些柿饼，倒是没有妨害的。

又柿有凌霜侯之称，那是据说为明太祖所封的。明人《在田录》云：

高皇微时，过剩柴村，已经二日不食矣。行渐伶仃，至一所，乃人家故园，垣缺树凋，是兵火所戕者，上悲叹久之。缓步周视，东北隅有一树，霜柿正熟，上取食之。食十枚便饱，又惆怅久之而去。乙未夏，上拔采石取太平，道经于此，树犹在。上指树以前事语左右，因下马以赤袍加之曰：『封尔为凌霜长者。』或曰凌霜侯。

苹果古称为“柰”。李时珍《本草纲目》云：“篆文柰字象子缀于木之形，梵言谓之频婆，今北人亦呼之，犹云端好也。”按：频婆实即今所谓苹果，一音之转而已。或云“苹婆果”，如明曾棨有《苹婆果》诗，则苹果乃苹婆果之缩语。按：无名氏《采兰杂志》云：

> 燕地有苹婆，味虽平淡，夜置枕边，微有香气，即佛书所谓『苹婆』，华言相思也。昔袁上芳时以此致张子，由此观之，则当时未必不以为相思也。



是古以为相思之果。按：晋郭义恭《广志》云：“柰有白青赤三种，张掖有白柰，酒泉有赤柰，西方例多柰，家以为脯。”此西方当指今印度，而称为苹婆者也。又刘熙

《释名》有柰油柰脯，是汉时已有苹果的，且为用甚广，可以捣实为油，可以暴干为脯。今则多为生食，别作制酒之用。其果诚如明王象晋《群芳谱》所云：

苹果出北地，燕赵者尤佳。树身耸直，叶青似林檎而大，果如梨而圆滑，生青，熟则半红半白，或全红，光洁可爱玩，香闻数步。味甘松，未熟者食如棉絮，过熟又沙烂不堪食，惟八九分熟者最美。

与苹果相似小的则有“林檎”，俗称“花红”，古又称为“来禽”或“林禽”，据《本草纲目》引洪玉父之言云：“此果味甘，能来众禽于林，故有林禽来禽之名。”又唐高宗时，纪王李谨得五色林檎似朱柰以贡，帝大悦，赐谨为文林郎，人因呼林檎为“文林郎果”。它的种类颇多，据李时珍《本草纲目》云：

林檎即柰之小而圆者，其味酢者即楸子也。其类有金林檎、红林檎、水林檎、蜜林檎、黑林檎，皆以色味立名。黑者色似紫柰，有冬月再实者。

他又说林檎的食法，云：“熟时晒干研末，点汤服甚美，谓之林檎麨。”按：此法后魏贾思勰《齐民要术》亦有之，可知自古有此食法。又明高濂《遵生八笺》有花红饼方，云：“用大花红批去皮晒二日，用手压扁又晒，蒸熟收藏，硬大者方好，须用刀花作瓜棱。”均是特别的食法，倒可一试究竟的。

# 一四 柑橘橙柚

Citrus Fruits

柑橘古时往往并称，有时且混称为柑为橘。至今粤人称蜜橘为“柑”，而粤中真正的柑，沪人又称之为“广橘”，极不分明。据今植物学家解释，实形正圆，色黄赤，皮紧纹细，不易剥，多液甘香的叫柑；实形扁圆，色红或黄，皮薄而光滑，易剥，味微甘酸的叫橘。是分别很明。明李时珍《本草纲目》亦云：“橘实小，其瓣味微酢，其皮薄而红，味辛而苦；柑大于橘，其瓣味甘，其皮稍厚而黄，味辛而甘。”他又解橘字之用意云：

橘从矞，音鹬，谐声也。又云五色为庆，二色为矞。矞云外赤内黄，非烟非雾，郁郁纷纷之象。橘实外赤内黄，剖之香雾纷郁，有似乎矞云。橘之从矞，又取此意也。

至于柑字则言其果味甘，故字从甘，古又直作甘字。此二果据宋韩彦直《橘录》，凡柑种有八，即真柑、生枝柑、海红柑、洞庭柑、朱柑、金柑、木柑、甜柑；橘种有十四，即黄橘、塌橘、包橘、绵橘、沙橘、荔枝橘、软条穿橘、油橘、绿橘、乳橘、金橘、自然橘、早黄橘、冻橘。按：此所谱，仅以浙江永嘉所产者为限，其实他地尚有许多名称的。今普通所知，最著者有黄岩橘、福州橘、汕头蜜橘等。按：宋陈景沂《全芳备祖》云："韩彦直《橘录》但知乳柑出于泥山，独不知出于天台之黄岩。出于泥山者固奇，出于黄岩者尤天下奇也。"是黄岩又有乳柑，在宋已负盛名。此乳柑据《橘录》所云，实即真柑。《橘录》云：

> 真柑在品类中最贵可珍，其柯木与花实皆异凡木。木多婆娑，叶则纤长茂密，浓阴满地。花时韵特清远，逮结实颗皆圆正，肤理如泽蜡。始霜之旦，园丁采以献，风味照座。擘之则香雾噀人，北人未之识者，一见而知其为真柑矣。一名乳柑，谓其味之如乳酪。温四邑之柑，推泥山为最。泥山地不弥一里，所产柑其大不七寸围，皮薄而味珍，脉不黏瓣，食不留滓，一颗之核才一二，间有全无者。

是可谓柑中之最上品者。又柑橘有"木奴"之称,《襄阳耆旧传》云:

吴李衡字叔平,襄阳人,习竺以女英习配之,汉末为丹阳太守。衡每欲治家事,英习不听,后密遣客十人往武陵龙阳泛洲上作宅,种柑橘千株,临死敕儿曰:『汝母每怒吾治家事,故穷如是;然吾州里有千头木奴,不责汝衣食,岁上匹绢亦当足用尔。』衡既亡,后二十余日,儿以白,英习曰:『此当是种柑橘也。汝家失十客来七八年,必汝父遣为宅。汝父恒称太史公言江陵千树橘,当封君家。吾答云,士患无德义,不患不富若贵,而能贫方好尔,用此何为!』吴末,衡柑橘成,岁得绢数千匹,家道富足。

按:《史记·货殖传》有:"江陵千树橘,此其人与千户侯等。"此言货殖之利,实与封侯无异。李氏惑于此说,故仿而行之,后竟致富,可知种柑橘之利实很优厚的。

橘之外又有枳,据说就是橘的变种,《周礼·考工记》云："橘逾淮而北为枳，此地气然也。"又与橘相似而更大的，则有橙有柚。橙据陆佃《埤雅》云："橙，柚属也，可登而成，故字从登；又谐声也。"柚据李时珍《本草纲目》云："柚色油然，其状如卣，故名。"又云：

橙产南土，其实似柚而香。……柚乃柑属之大者，早黄难留。橙乃橘属之大者，晚熟耐久。皆有大小十二种。……其实大者如碗，……经霜早熟，色黄皮浓，香气馥郁。其皮可以熏衣，可以芼鲜，可以和菹醢，可以为酱虀，可以蜜煎，可以糖制为橙丁，可以蜜制为橙膏，嗅之则香，食之则美，诚佳果也。柚黄而小者为『蜜筒』；其大者谓之『朱栾』，亦取团栾之象；最大者谓之『香栾』，《尔雅》谓之『櫠』，音废；又曰『椵』，音贾；《广雅》谓之『镭柚』；《桂海志》谓之『臭柚』；皆一物，但以大小古今方言称呼不同耳。（节选）

按：今亦有以柑之佳者为橙，如出于广东的新会县，俗称“新会橙”，有“高身橙扁身柑”之说。又柚古亦称櫾，今福建漳州称为“文旦”，闽浙又称为“泡子”。除漳州文旦外，“沙田柚”今亦很负盛名，那是出于广西容县沙田中的。

# 二五 橄榄樱桃

Olives and Cherries

橄榄原出岭南。《三辅黄图》云：“汉武帝元鼎六年破南越，起扶荔宫，以植所得奇草异木，龙眼、荔枝、槟榔、橄榄、千岁子、甘橘皆百余本。”橄榄之名，大约亦如槟榔一样，只就当时方音译称，并无何种意义可言。又称“余甘”，三国沈莹《临海异物志》云：“余甘子如梭形，入口苦涩，后饮水更甘，大如梅实，核两头锐，东岳呼余甘柯榄，同一果耳。”又称“青果”“青子”，宋梅尧臣诗所谓“南国青青果，涉冬知始摘”，及苏轼诗所谓“纷纷青子落红盐，正味森森苦且严”是也。青果青子皆指橄榄，盖他果熟则变色，惟此果仍青，故有此称。其味苦涩，如调以盐则否。又有“谏果”之称，宋周密《齐东野语》云：

涪翁在戎州日，过蔡次律家，小轩外植余甘子，乞名于翁，因名之曰味谏轩，其后王宣子予以橄榄送翁，翁赋云：『方怀味谏轩中果，忽见金盘橄榄来。想见余甘有瓜葛，苦中真味晚方回。』然则二物可名之为谏果也。

涪翁即黄庭坚。此以余甘与橄榄为二物，恐非，观上引《临海异物志》可知。

橄榄除青的外，尚有“乌橄榄”及“波斯橄榄”。据明李时珍《本草纲目》云：

橄榄色青黑，肉烂而甘，取肉捶碎干放，自有霜如白盐，谓之『榄酱』。青榄核内仁干小，惟乌榄仁最肥大，有文层叠如海螵蛸状，而味甘美，谓之『榄仁』。又有一种『方榄』，出广西两江峒中，似橄榄而有三角或四角，即是『波斯橄榄』之类也。

又云：

按：《名医录》云：吴江一富人食鳜鱼，被鲠横在胸中，不上不下，痛声动邻里，半月余几死。忽遇渔人张九，令取橄榄与食，时无此果，以核研末，急流水调服，骨遂下而愈。张九云：『我父老相传，橄榄木作取鱼棹篦，鱼触著即浮出，所以知畏橄榄也。』今人煮河豚团鱼，皆用橄榄，能治一切鱼鳖之毒也。

按：以橄榄治鱼毒，唐陈藏器《本草拾遗》曾有此说，云："其木主鯸鱼毒。此木作楫，拨著，鯸鱼皆浮出。"

樱桃本非桃类，以其实形似桃，故称樱桃。古又称为"含桃"，《礼记·月令》有："仲夏之月，以含桃先荐寝庙。"据注："含桃，樱桃也。"《吕氏春秋》亦有此文，高诱注云："以莺所含食，故曰含桃；又名莺桃。"莺亦作罂，是樱字当由莺字转变而来，李时珍《本草纲目》以为："其颗如璎珠，故谓之樱。"恐属想象之辞。

樱桃据晋郭义恭《广志》云："樱桃有大者，有长八分者，有白色多肌者，凡三种。"但至后世则分法略异，如宋苏颂《本草图经》云：

樱桃处处有之，而洛中者最胜。其木多阴，先百果熟，故古人多贵之。其实熟时深红色者，谓之『朱樱』。紫色皮里有细黄点者，谓之『紫樱』，味最珍重。又有正黄明者，谓之『蜡樱』；小而红者，谓之『樱珠』，味皆不及。极大者有若弹丸，核细而肉厚，尤难得。

此外又有“山樱桃”一种，俗名“李桃”，则味恶不堪食的。

樱桃在古时可荐宗庙之用，故视为贵果。唐时尤见重视，进士且有“樱桃宴”，如五代王定保《摭言》所说：

唐时新进士尤重樱桃宴。乾符四年，刘邺第二子覃及第，时状头已下，方议醵率，覃潜遣人预购数十树，独置是宴，大会公卿。时京国樱桃初出，虽贵达未适口，而覃山积铺席，复和以糖酪者，人享蛮画一小盎，亦不啻数升，以至参御辈，靡不沾足。

但樱桃滋味虽好，却不可多食，如金张从正《儒门事亲》云：

舞水一富家有二子，好食朱樱，每日啖一二升，半月后长者发肺痿，幼者发肺痈，相继而死。

据元朱震亨《本草衍义补遗》云："樱桃属火，性大热而发湿，旧有热病及喘嗽者，得之立病，且有死者也。"又樱桃经雨则虫，如宋林洪《山家清供》云："樱桃经雨，则虫自内生，人莫之见，用水一碗浸之，良久其虫皆蛰蛰而出，乃可食也。"是亦不可不注意的。

# 一六 杨梅枇杷

Red Bayberries and Loquats

杨梅据明李时珍《本草纲目》云："其形如水杨子，而味似梅，故名。"又唐段公路《北户录》云："杨梅叶如龙眼树，冬青，一名杌。"又明陈继儒《群碎录》云："扬州人呼杨梅为圣僧。"则均不知为何意。

杨梅在汉时已有了，但不被人所重视，如晋嵇含《南方草木状》云：

杨梅，其子如弹丸，正赤，五月中熟时似梅，其味甜酸。陆贾《南越行纪》曰：『罗浮山顶有胡杨梅山桃绕其际，海人时登采拾，止得于上饱啖，不得持下。』东方朔《林邑记》曰：『林邑山杨梅其大如杯碗，青时极酸，既红味如崖蜜，以酝酒，号梅香酎，非贵人重客不得饮之。』

此所言罗浮林邑，皆在今广东。而其后杨梅实以在浙江的为最著名，所以宋杨万里诗有："梅出稽山世少双，情知风味胜他杨。"此梅即指杨梅，而稽山则为今在绍兴的会稽山。又如明王象晋《群芳谱》云：

杨梅，会稽产者为天下冠。吴中杨梅种类甚多，名『大叶』者最早熟，味甚佳。次则『卞山』，本出苕溪，移植光福山中，尤胜。又次为『青蒂』『白蒂』及『大小松子』。此外味皆不及。

至普通则有红白紫三种，红胜于白，紫胜于红。酸的如用盐拌食，就不酸了。

杨梅在古时也有人比之为荔枝、葡萄的，如宋苏东坡轼云：

客有言闽广荔枝何物可对者，或对西凉葡萄，予以为未若吴越杨梅。平可正诗云：『五月杨梅已满林，初疑一颗值千金。味方河朔葡萄重，色比泸南荔枝深。』则古人亦举而方之者矣。

又杨梅除食用外，其仁尚可作为药用，据说治脚气是很好的。宋王明清《挥麈录》云：

王嶷字丰父，守会稽。童贯时方用事，贯苦脚气。或云杨梅仁可疗是疾，丰父哀五十石以献之。

枇杷据宋寇宗奭《本草衍义》云："其叶形似琵琶，故名。"按：琵琶之为乐器，汉时始有，故此果于古无闻，至汉方有。《西京杂记》云："初修上林苑，群臣远方各献方果异树，有枇杷十株。"是其明证。晋郭义恭

《广志》以为:“枇杷出南安、犍为、宜都。”按:其地均在今四川省境,即当时通西南夷后所进贡来的。《广志》又云:

> 枇杷易种,叶微似栗,冬花春实,子簇结有毛,四月熟,大者如鸡子,小者如龙眼,白者为上,黄者次之,无核者名『焦子』,出广州。



枇杷大抵就是这样三种。今则沪上以产东洞庭山者为最著名,称为“白沙枇杷”。此点明王世懋《果疏》中已有说及,他说:“枇杷出东洞庭者大,自种者小,然却有风味。”

枇杷是常绿乔木,其叶四时不凋,这是与他果不同的地方,所以古来文人多赞叹其质同松竹,而医家亦谓其治肺热嗽甚有功,但须用火炙,以布拭去毛,否则反而令嗽不止的。

但枇杷也有一个极不雅的代称，这其实是误会的。按：唐元稹诗："万里桥边女校书，琵琶花下闭门居。"此指女校书薛涛也。琵琶花与杜鹃相似，后人以其音同，改作枇杷，遂又称为妓女所居为"枇杷门巷"。实际上此琵琶非那枇杷的。又明时也有以枇杷而写作琵琶的，因此而被人说成笑话，如《雅谑》所载云：

莫廷韩过袁履善先生，适村人献枇杷果，帖书『琵琶』字，相与大笑。某令君续至，两人笑容尚在面，令君以为问，袁道其故，令君曰：『琵琶不是这枇杷，只为当年识字差。』莫即云：『若使琵琶能结果，满城箫管尽开花。』令君赏誉再三，遂定交。

其实琵琶古作枇杷，后乃改为琵琶。枇杷既如寇氏所云，似琵琶而得名，则写作琵琶，实亦不能算作大误。令君之类，亦只知其一而不知其二耳。

# 一七 石榴葡萄

Pomegranates and Grapes

石榴原名安石榴，其种出自西域，别名甚多，如明李时珍《本草纲目》云：

榴者瘤也，丹实垂垂如赘瘤也。《博物志》云：『汉张骞出使西域，得涂林安石国榴种以归。』故名安石榴。又按：《齐民要术》云：『凡植榴者须安僵石枯骨于根下，即花实繁茂。』则安石之名，义或取此也。若木乃扶桑之名，榴花丹赪似之，故亦有『丹若』之称，傅玄《榴赋》所谓『灼若旭日栖扶桑』者是矣。《笔衡》云：『五代吴越王钱镠改榴为金罂。』《酉阳杂俎》言：『榴甜者名天浆。』道家书谓：『榴为三尸酒。』言三尸虫得此果则醉也，故范成大诗云：『玉池咽清肥，三彭迹如扫。』

五月榴花
照眼明
壬辰仲夏
友如寫

**石榴** 明李时珍《本草纲目》云："榴者瘤也，丹实垂垂如赘瘤也。《博物志》云：'汉张骞出使西域，得涂林安石国榴种以归。'故名安石榴。"

按:《汉书·西域传》并无涂林安石国之地,《传》仅云汉使取葡萄苜蓿,则《博物志》所云,似未可信。然当时颇信其说,如晋陆机与弟云书,亦云:“张骞使外国十八年,得涂林安石榴也。”大约史书所载,只述其重要者,其他如胡桃胡麻,据说亦为张骞得自西域,是安石榴亦或有可能的。至石榴的种类颇多,如明王象晋《群芳谱》云:

石榴叶绿,狭而长,梗红,五月开花,有大红、粉红、黄、白四色。有『海榴』来自海外,树高二尺;『黄榴』色微黄带白,花比常榴差大;『四季榴』四时开花,秋结实,实方绽旋复开花;『火石榴』其花如火,树甚小;『饼子榴』花大;『番花榴』出山东,花大于饼子,移之别省终不若在彼大而华丽,盖地气异也。

但不论是何种石榴，其中的子都是很多的，因此有“多子”的象征，如《北齐书·魏收传》云：

安德王延宗纳赵郡李祖收女为妃。后帝幸李宅宴，而妃母宋氏荐二石榴于帝前，问诸人，莫知其意，帝投之，收曰：『石榴房中多子，王新婚，妃母欲子孙众多。』帝大喜，诏收：『卿还将来。』仍赐收美锦二疋。

与石榴同样，确自西域所传入的则为“葡萄”。葡萄《史记·大宛传》作“蒲陶”，《传》云：

大宛左右以蒲陶为酒，富人藏酒至万余石，久者数十岁不败。俗嗜酒，马嗜苜蓿。汉使取其实来，于是天子始种苜蓿蒲陶肥饶地。

此汉使普通即指张骞，然按传文看来，实在张骞死后的事，所以仅称汉使而不明言张骞。但西域之通骞为首功，所以这些方物的传入，也可归功于他了。此蒲陶注家均无解释其命名之意，大约当是译音，而李时珍《本草纲目》以为："可以造酒，人酺饮之则陶然而醉，故有是名。"恐出想象之辞。其后又作"蒲萄"，复由蒲萄而变作"葡萄"。又据李时珍云：

其圆者名『草龙珠』，长者名『马乳葡萄』，白者名『水晶葡萄』，黑者名『紫葡萄』。《汉书》言：张骞使西域还始得此种，而《神农本草》已有葡萄，则汉前陇西旧有，但未入关耳。

**葡萄**

李时珍云:“其圆者名‘草龙珠’,长者名‘马乳葡萄’,白者名‘水晶葡萄’,黑者名‘紫葡萄’。《汉书》言:“张骞使西域还始得此种,而《神农本草》已有葡萄,则汉前陇西旧有,但未入关耳。”

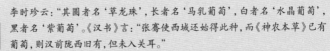

此所述葡萄实只有紫白两种，紫白均有圆形及长圆形。至《神农本草》载有其物，以为汉前已有，是信《本草》真为神农所作，未必其然。盖此《本草》实为汉人所作，伪托神农而已。又据明王象晋《群芳谱》云：

葡萄一名『赐紫樱桃』。『水晶葡萄』晕色带白如著粉，形大而长，味甚甘，西番者更佳。『马乳葡萄』色紫形大而长，味甘。『紫葡萄』黑色，有大小二种，酸甜二味。『绿葡萄』出蜀中，熟时色绿。若西番之绿葡萄名『兔睛』，味胜糖蜜无核，则异品也，其价甚贵。『琐琐葡萄』出西番，实小如胡椒，今中国亦有种者，一架中间生一二穗。

是葡萄种类实繁。葡萄除了生食以外,可以为干为酒,此在古时已知道的。据明叶子奇《草木子》云:

> 元朝每岁于冀宁等路造葡萄酒,八月至太行山中,辨其真伪,真者不冰。倾之则流注,伪者杂水即冰凌而腹坚矣。

此法不知亦可施于现在的葡萄酒否?至现今的葡萄酒,各国均有制造,名目不一,如法国的白兰地(Brandy)、香槟(Champagne),德国的莱因(Rhine),意大利的马萨拉(Marsala),西班牙的舍利(Sherry),都是很著名的。我国则以烟台张裕酿酒公司所出的最有名。

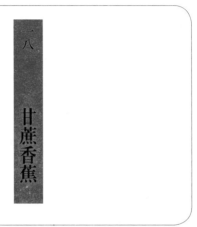

# 一八 甘蔗香蕉

Sugar Canes and Bananas

甘蔗之名，始见于晋嵇含《南方草木状》，据云："诸蔗一曰甘蔗，交趾（今越南——编者注）所生者围数寸，长丈余，颇似竹，断而食之甚甘。"汉及汉以前作柘或作藷，如宋玉《招魂》："胹鳖炮羔，有柘浆些。"据注："柘一作蔗。"《说文》："藷，藷蔗也。"《唐韵古音》以为："甘蔗一名甘诸，南北音异也。"盖藷读诸音，与另外一种甘藷之读薯音者不同。其后则似为彼此免相混淆，专以蔗为蔗了。考蔗字之用意，据明陈继儒《群碎录》云：

宋神宗问吕惠卿曰：『蔗字从庶何也？』曰：『凡草木种之俱正生，蔗独横生，盖庶出也，故从庶。』

恐出杜撰，硬从庶字附会而已。当是庶的谐声，故字可作柘，亦可作藷，皆取其音似而已。又据宋王灼《糖霜谱》（《本草纲目》引）云，蔗的种类有四，他说：

蔗有四色：曰『杜蔗』，即竹蔗也，绿嫩薄皮，味极醇浓，专用作霜。曰『西蔗』，作霜色浅。曰『芳蔗』，亦名蜡蔗，即荻蔗也，亦可作沙糖。曰『红蔗』，亦名『紫蔗』，即昆仑蔗也，止可生啖，不堪作糖。

甘蔗古有消酒之说，故汉《郊祀歌》云："泰尊柘浆折朝酲。"此柘浆即蔗汁。据宋林洪《山家清供》云：

甘蔗

曹叔雅《异物志》所谓："其肉如饴蜜甚美，食之四五枚可饱，而余滋味犹在齿牙间，故一名甘蔗。"

雪夜，张一斋饮客酒酣，簿书何君时奉出沆瀣浆一瓢，与客分饮，不觉酒容为之洒然。问其法，谓得之禁苑，止用甘蔗芦菔，各切作方块，以水烂煮即已；盖蔗能化酒，芦菔能化食也。



又晋顾恺之食蔗恒自尾至本，人或怪之，云："渐入佳境。"见《晋书》本传，这可说是食蔗的一个最妙方法。甘蔗本为亚洲南部的原产，我国之有此物，或即传自交趾。周初犹无所闻，大约在战国时方才传入的，所以宋玉《招魂》有"柘浆"之说。

香蕉古称"甘蕉"，亦称"蕉子"。宋陆佃《埤雅》云："蕉不落叶，一叶舒则一叶焦，故谓之蕉。"甘即言其滋味的甘，曹叔雅《异物志》所谓："其肉如饴蜜甚美，食之四五枚可饱，而余滋味犹在齿牙间，故一名甘蔗。”

甘蔗汉时已有之。《三辅黄图》云：“汉武帝元鼎六年破南越，起扶荔宫，以植所得奇草异木，为甘蔗十二本。”盖其种本出南越，即今广东地方，今亦复然。据晋嵇含《南方草木状》云，甘蔗有三种：

甘蕉望之如树株，大者一围余，叶长一丈或七八尺，广尺余二尺许。花大如酒杯，形色如芙蓉，著茎末。子大各为房相连累，甜美，亦可蜜藏。根如芋魁，大者如车毂。实随华，每华一阖各有六子，先后相次。子不俱生，花不俱落。一名芭蕉，或曰巴苴。剥其子上皮，色黄白，味似葡萄，甜而脆，亦疗饥。此有三种：子大如拇指长而锐，有类羊角，名『羊角蕉』，味最甘好。一种子大如鸡卵，有类牛乳，名『牛乳蕉』，微减羊角。一种大如藕子，长六七寸，形正方，少甘，最下也。其茎解散如丝，以灰练之，可纺绩为絺绤，谓之『蕉葛』，虽脆而好，黄白不如葛赤色也。交广俱有之。

按：古以芭蕉与甘蔗为一类，今植物学家以芭蕉易结实而不堪食，甘蔗则堪食，分而为二，然二蕉形状实极相似。又据宋范成大《桂海虞衡志》（《本草纲目》引）云：

『蕉子』，芭蕉极大者，凌冬不凋，中抽干长数尺，节节有花。花褪叶根有实，去皮取肉，软烂如绿柿，极甘冷，四季恒实。土人或以饲小儿，云性凉，去客热，谓之蕉子，又名牛蕉子。以梅汁渍暴干，按令扁，味甘酸有微霜，世所谓芭蕉干者是也。『鸡蕉子』小如牛蕉，亦四时实。『芽蕉子』小如鸡蕉，尤香嫩甘美，秋初实。

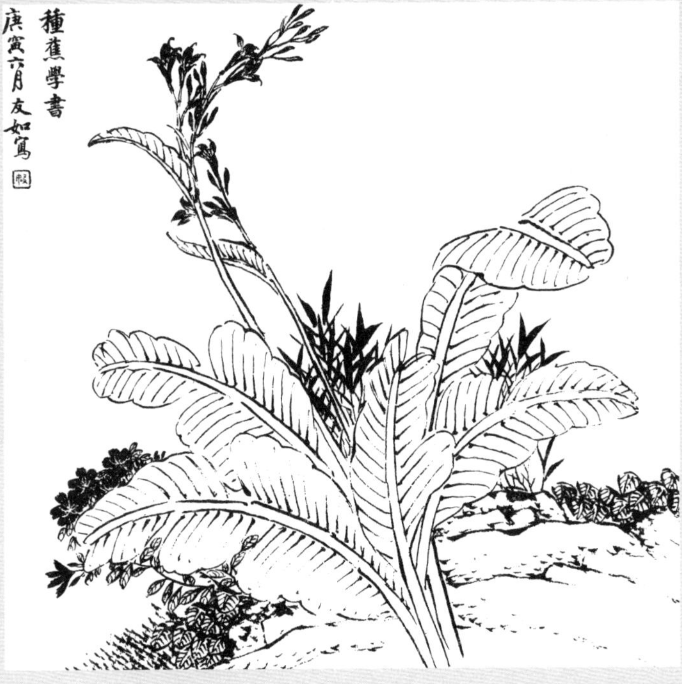


**蕉叶** 蕉叶可以作书，如南朝徐伯珍少孤贫，学书无纸，常以竹箭箬叶甘蕉及地上学书。

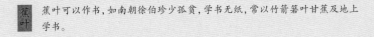

此亦指甘蔗，而就形状大小以分的。此外蕉叶可以作书，如南朝徐伯珍少孤贫，学书无纸，常以竹箭箬叶甘蕉及地上学书。（见《南史》本传）而古时又以蕉叶为酒杯代词的，如《东坡题跋》云："吾少年望见酒盏而醉，今亦能三蕉叶矣。"蕉叶实指酒杯的最浅者，形如蕉叶而已。又粤中东莞以奴为蕉叶，那据说从前有一个奴子颇慧，一日主人与客说何叶最大，或云芋叶，或云莲叶，奴却奋然前顾主人说："任凭责罚，蕉叶最大。"人因呼奴为蕉叶了，见《粤游小志》。这可说是蕉中的一个别闻，故亦附志于此。至于今俗所称的蕉扇，则实为葵叶，并非蕉叶所制的。

# 一九 · 莲藕菱芡

Lotus Roots and Water Chestnuts

莲可说是中国人最爱好的植物，所以自古对于它的各部分都有名称，这在别种植物里是没有这样详细规定过的。就如《尔雅》所说：

荷，芙蕖，其茎「茄」，其叶「蕸」，其本「蔤」，其华「菡萏」，其实「莲」，其根「藕」，其中「的」，「的」中「薏」。

仅此一物，即有如许名称，据宋邢昺《尔雅疏》云：

李巡曰：「皆分别莲茎花叶实之名，芙蕖其总名也，别名芙蓉，江东呼荷。菡萏莲华也，的莲实也，薏中心也。」郭璞曰：「蔤，茎下白蒻在泥中者。」今江东人呼荷华为芙蓉，北方人便以藕为荷，亦以莲为荷，蜀人以藕为茄。或用其母为华名，或用根子为母叶号，此皆名相错，习俗传误失其正体者也。

**莲藕** 《尔雅》:“荷,芙蕖,其茎‘茄’,其叶‘蕸’,其本‘蔤’,其华‘菡萏’,其实‘莲’,其根‘藕’,其中‘的’,的中‘薏’。”

按：芙蓉今别有其物，故今又加水而称莲为“水芙蓉”。藕乃是其地下茎而非其根。其本乃是其根。这些名称，据王安石《字说》所云，皆有深厚意义，其说云：

「藕」藏于水，其自处卑，无所加焉，其所与污，洁白自若，中有空焉，不偶不生，若此可以偶物矣。「茄」无枝附，泥不能污，水不能没，挺出而立，若此可以加物矣。「莲」既有以自白，又会而属焉，若此可以连物矣。「菡萏」实若臽，随昏昕阖辟焉，若此可以函物矣。「蕸」假根以立而不如藕之有所偶，假茎以出而不如茄之有所加，假华以生而不如莲之有所连，菡萏之有菡也，若此可谓遐矣。「蔤」退藏于无用而可用，可见者本焉，若此可谓密矣。合此众美，则可以何物，可以为夫，可以为渠，故曰荷「芙蕖」也。「荷」以何物为义，故通于负荷之字。

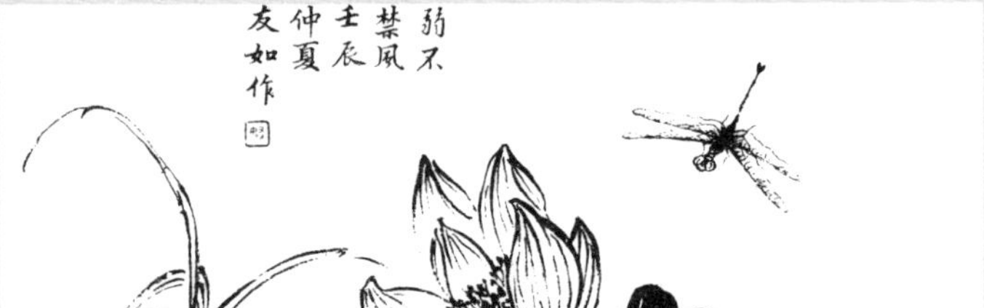

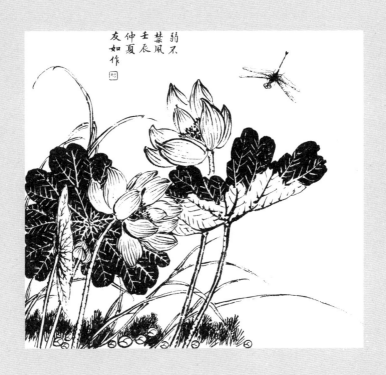


**莲花** 晋崔豹《古今注》云：“莲一名水芝，一名泽芝，一名水花。”莲的名称真可谓繁多极了。至于莲的种类也不胜其繁。

又据明李时珍《本草纲目》云：

> 或云「藕」善耕泥，故字从耦，耦者耕也。「茄」音加，加于蔤上也。「蕸」音遐，远于蔤也。「菡萏」函合未发之意。「芙蓉」敷布容艳之意。「莲」者连也，花实相连而出也。「菂」者的也，子在房中点点如的也，的乃凡物点注之意。「薏」犹意也，含苦在内也，古诗云「食子心无弃，苦心生意存」是矣。

又据晋崔豹《古今注》云："莲一名水芝，一名泽芝，一名水花。"莲的名称真可谓繁多极了。至于莲的种类也不胜其繁，如明王圻《三才图会》云：

荷一名菡萏，一名水芙渠，有『千叶黄』『千叶白』『千叶红』，有『红边白心』，有『马蹄莲』，子多而大，有『墨荷』，并佳种。华山山顶有池生『千叶莲』，服之羽化，郑谷诗所谓『太华峰顶玉井莲』是也。南海有『睡莲』，晓起朝日，夜低入水，岁有水则荷早发，曾端伯以为净友。又有『金莲』，『铁线莲』白花，『太乙莲』花甚难开，本如芭蕉，叶如芋，亦名观音芋。『青莲』或曰即铁线莲，晋佛图澄取钵盛水烧香咒之，钵中生青莲花，光色耀人，四五月开。

又据李时珍云："别有金莲花黄，碧莲花碧，绣莲花如绣，皆是异种。"他又说："大抵野生及红花者莲多藕劣，种植及白花者莲少藕佳也。其花白者香，红者艳，千叶者不结实。"

莲实即普通称为莲子，据《本草经》云："补中养神，益气力，除百疾，久服轻身耐老，不饥延年。"故今人视为补品之一，然轻身不饥之说，殊不足信。藕则李时珍云："白花藕大而孔扁者，生食味甘，煮食不美；红花及野藕，生食味涩，煮蒸则佳矣。"又藕有破血之效，如陶弘景《本草注》云：

宋时太官作血䘓（羹也），庖人削藕皮误落血中，遂散涣不凝，故医家用以破血，多效也。

所以孟诜《食疗本草》亦谓:“产后忌生冷物,独藕不同生冷者,为能破血也。”而藕节的功效尤大,谓能止血,如李时珍云:“藕节能止咳血、唾血、血淋、溺血、下血、血痢、血崩。”并引赵溍《养疴漫笔》云:

宋孝宗患痢,众医不效。高宗偶见一小肆,召而问之,其人问得病之由,乃食湖蟹所致,遂诊脉曰:『此冷痢也。』乃用新采藕节捣烂,热酒调下,数服即愈。高宗大喜,就以捣药金杵臼赐之,人遂称『金杵臼』,严防御家,可谓不世之遇也。

这倒是食藕的人,所可留意的地方。

也像莲生在水中的别有"菱",本作蔆,亦称为"芰"。《说文》以为"蔆,楚谓之芰",是芰乃楚地之称。李时珍云:"其叶支散,故字从支;其角棱峭,故谓之蔆,而俗呼为蔆角也。"是其所称各有用意,实无分别。惟据王安贫《武陵记》云:"三角四角者为芰,两角者为蔆。"则菱芰又有所区别了。此外菱又有野菱家菱之分,如李时珍《本草纲目》云:

芰菱有湖泺处则有之,菱落泥中最易生发,有野菱家菱。『野菱』自生湖中,叶实俱小,其角硬直刺人,其色嫩青老黑,嫩时剥食甘美,老则蒸煮食之。野人暴干,剁米为饭为粥,为糕为果,皆可代粮。其茎亦可暴收,和米作饭,以度荒歉,盖泽农有利之物也。『家菱』种于陂塘,叶实俱大,角软而脆,亦有两角弯卷如弓形者,其色有青有红有紫,嫩时剥食皮脆肉美,盖佳果也。老则壳黑而硬,坠入泥中,谓之『乌菱』。冬月取之,风干为果,生熟皆佳。

菱在古时亦为果之上品者，与桃李梅杏等并列，见《礼记·内则》。又《周礼·天官》："笾人掌四笾之实，蓤芡栗脯。"郑锷曰："蓤芡之类，皆生于水，以类推之，则取物之深远者，所以致其物之难得者。"其珍重可知。故每逢菱熟之时，士女相采，辄有采菱之歌，直与采莲无异。《楚辞·招魂》所谓"涉江采菱发《阳阿》"，《阳阿》即采菱的曲名。今其曲品不传，而后人所作的殊多，不胜列举。又如汉应劭《风俗通》云："殿堂象东井形，刻为荷菱；荷菱皆水物，所以厌火也。"此虽为迷信之谈，也足见古时对此物的重视。

菱除上述供食以外，还可以为粉，即俗称"菱粉"，以之调羹甚佳，此法明高濂《遵生八笺》已有说及，云："去皮如治藕法取粉。"

又古人取菱花六觚之象以为镜，故有菱花镜之说。如宋陆佃《埤雅》云："群说镜谓之菱花，以其面平光影所成如此。庾信《镜赋》云照壁而菱花自生是也。"

古与菱并称则尚有"芡"，而其实与莲相似，亦生于水中。据汉扬雄《方言》云:“北燕谓之葰,青徐淮泗之间谓之芡,南楚江湘之间谓之鸡头,或谓之雁头,或谓之乌头。”鸡头等名,盖皆就是刺球形状而言。此外又有“鸡壅”之称,见《庄子》;“卵蔆”之称,见《管子》。李时珍以为:“芡可济俭歉,故谓之芡。”其芡实即在刺球内,刺球即李氏所谓苞者。他说:

芡茎三月生叶,贴水大于荷叶。五六月生紫花,花开向日结苞,外有青刺,如猬刺及栗球之形。花在苞顶,亦如鸡喙及猬喙。剥开内有斑驳软肉,裹子累累如珠玑,壳内白米,状如鱼目。深秋老时,泽农广收,烂取芡子,藏至囷石,以备歉荒。其根状如三棱,煮食如芋。

然其根实为其地下茎,盖亦如藕之误认为根的。

# 二〇 枣栗核桃

Chinese Dates, Chestnuts and Walnuts

枣与栗，古时多并用之，如《礼记·曲礼》有："妇人之挚，椇榛脯脩枣栗。"据《疏》云："枣早者，栗肃也，以枣栗为挚，取其早起战栗自正也。"又《内则》有："子事父母，妇事舅姑，枣栗饴蜜以甘之。"是即今之所谓蜜枣和糖炒栗子了。又《仪礼·聘礼》中有："宾至于近郊，夫人使下大夫劳以二竹簋方，其实枣蒸栗择。"是又可以作为敬客之用的。由此均可知古时对枣栗两果的重视。

棗（"枣"的繁体字——编者注）木有刺，故字从二朿。宋陆佃《埤雅》云："棘大者枣，小者棘，盖若酸枣所谓棘也。于文重朿为枣，并朿为棘；一曰棘实曰枣。盖枣性重乔，棘则低矣，故其制字如此。"是因枣木高大，故两朿相重，棘则低小，故两朿相并。

枣的种类在古时实很多，《尔雅》所载就有十一种之多，即枣（壶枣）、边（要枣）、桥（白枣）、樲（酸枣）、杨彻（齐枣）、遵（羊枣）、洗（大枣）、煮（填枣）、蹶泄（苦枣）、皙（无实枣）、还味（棯枣）。这许多枣，现在恐怕未必全有。此外如晋郭义恭《广志》除述各地名枣外，云：

枣有狗牙、鸡心、牛头、羊矢、猕猴、细腰之名，又有玄枣、大枣、崎廉枣、桂枣、夕枣之名。

而后魏贾思勰《齐民要术》则云："青州有乐氏枣，丰肌细核多膏，肥美为天下第一；父老相传云，乐毅破齐时，从燕赍来所种也。"按：今普通所知的枣，不过分红黑两种而已。晋郭璞注《尔雅》遵羊枣云："实小而圆，紫黑色，今俗呼之为羊矢枣，孟子曰：曾皙嗜羊枣。"是羊枣似即今之所谓黑枣了。

栗古以为五果之一。所谓五果，据宋罗愿《尔雅翼》云：

五果之义，春之果莫先于梅，夏之果莫先于杏，季夏之果莫先于李，秋之果莫先于桃，冬之果莫先于栗。五时之首，寝庙必有荐，而此五果适丁其时，故特取之。

可知栗在果中也是很重要的。至今北方及上海人吃糖炒栗子，是作为秋冬间应时果品的。

栗字古文作㮚，《说文》以为："从卤木，其实下垂，故从卤。"栗的种类也颇多，据《毛诗草木鸟兽虫鱼疏》云：

五方皆有栗，周秦吴扬特饶，吴越被城表里皆栗，惟渔阳范阳栗甜美长味，他方者悉不及也，倭韩国诸岛上栗大如鸡子，亦味短不美。桂阳有「莘栗」藂生，大如杼子，中仁皮子形色与栗无异也，但差小耳。又有「奥栗」，皆与栗同，子圆而细，或云即莘也。今此惟江湖有之。又有「茅栗」「锥栗」，其实更小，而木与栗不殊，但春生夏花秋实冬枯为异耳。

又明李时珍作《本草纲目》云:“栗之大者为板栗,中心扁子为栗楔,稍小者为山栗,山栗之圆而末尖者为锥栗,圆小如橡子者为莘栗,小如指顶者为茅栗,即《尔雅》所谓栭栗也,一名栵栗,可炒食之。”

核桃就是胡桃,今与枣栗同为干果之一。胡桃或云出于西域,故名,如晋张华《博物志》云:“张骞使西域还得胡桃。”然《博物志》颇为后人所搀杂,张骞使归,据《史记》《汉书》两书实无此物,殊疑莫能明。李时珍《本草纲目》以为:“此果外有青皮肉包之,其形如桃,胡桃乃其核也;北音呼核如胡,名或以此。”是胡桃实为核桃之讹音,并非出于胡地的。然此桃非中国原产,传自西域,当属可信,惟未必定为张骞的。《西京杂记》云:“初修上林苑,群臣远方各献名果异树,有胡桃出西域。”则为当时远方所献来的,更非张骞明甚。据唐段成式《酉阳杂俎》云:

胡桃仁曰蛤蟆。树高丈许，春初生叶，长三寸，两两相对。三月开花如栗花，结实如青桃。九月熟时，沤烂皮肉，取核内仁为果。北方多种之，以壳薄仁肥者为佳。

又李时珍云“胡桃有补气养血，润燥化痰”之功，故今认胡桃为补品之一云。

# 二一 荔枝龙眼

Litchi and Longan

荔枝，按：朱应《扶南记》云："此木结实时，枝弱而蒂牢，不可摘取，必以刀斧劙取其枝，故以为名。劙音利，与荔同。" 又司马相如《上林赋》作"离支"。唐白居易《荔枝图序》云："若离本枝，一日而色变，二日而香变，三日而味变。" 则离支之名又或取义于此，离荔音亦相同的。

荔枝产于闽、广、四川一带，汉时即认为珍果，如汉王逸《荔枝赋》就有"卓绝类而无俦，超众果而独贵"之说。唐张九龄《荔枝赋》更称为："味特甘滋，百果之中，无一可比。" 自宋蔡襄作《荔枝谱》后，荔枝之名，尤为人们所羡称。惟荔枝在汉以前则未闻，盖其时岭南诸地犹未通中国，故经书中没有提及荔枝的。自南越赵佗献汉高祖荔枝后，荔枝遂作为岁贡之物。唐杨贵妃尤爱吃此果，所以杜牧《华清宫》诗有"一骑红尘妃子笑，无人知是荔枝来"之句。

荔枝的品类甚多，据蔡襄《荔枝谱》所述，仅闽地所产有三十二种，然要以兴化所出的陈紫为最上品。

和风甘雨

他说：

荔枝之于天下，唯闽、粤、南粤、巴、蜀有之。今之广南州郡与夔梓之间所出，大率早熟，肌肉薄而味甘酸，其精好者仅比东闽之下等。闽中惟四郡有之，福州最多，而兴化军最为奇特，泉漳时亦知名。兴化军风俗，园池胜处唯种荔枝，当其熟时，虽有他果，不复见省。尤重陈紫，富室大家，岁或不尝，虽别品千计，不为满意。陈氏欲采摘，必先闭户，隔墙入钱，度钱与之，得者自以为幸，不敢较其直之多少也者。今列陈紫之所长，以例众品，其树晚熟，其实广上而圆下，大可径寸有五分，香气清远，色泽鲜紫，壳薄而平，瓤厚而莹，膜如桃花红，核如丁香母，剥之凝如水精，食之消如绛雪，其味之至，不可得而状也。荔枝以甘为味，虽百千树莫有同者，过甘与淡，失味之中，唯陈紫之于色香味，自拔其类，此所为天下第一也。凡荔枝皮膜形色，一有类陈紫则已为中品。若夫厚皮尖刺，肌理黄色，附核而赤，食之有渣，食已而涩，虽无酢味，自亦下等矣。或云陈紫种出宋氏，世传其树已三百岁。旧属王氏，黄巢兵过，欲斧薪之，王氏媪抱树号泣，求与树偕死。贼怜之，不伐。

此树据明宋珏《荔枝谱》引《闽游志》云："永乐以后，树渐枯死。今其世孙宋比玉乌山屋旁尚有一树，大数十围，树腹已空，可坐四五人，相传是其孙枝云。"

荔枝除生啖以外，又可用红盐、白晒、蜜煎三法，使之久藏。其法亦见于宋蔡襄《荔枝谱》中：

红盐之法，民间以盐梅卤浸佛桑花为红浆，投荔枝渍之，曝干色红而甘酸，可三四年不虫，然绝无正味。白晒者，正尔烈日干之，以核坚为止，畜之瓮中，密封百日，谓之出汗，去汗耐久，不然逾岁坏矣。蜜煎，剥生荔枝笮去其浆，然后蜜煮之。予前知福州，用晒及半干者为煎色黄白而味美可爱。

此外古来又以“侧生”称荔枝的，实误于晋左思《蜀都赋》“侧生荔枝”一语。所以明陈继儒《枕谭》云：

左思《蜀都赋》：『旁挺龙目，侧生荔枝。』张九龄《荔枝赋》云：『虽观上国之光，而被侧生之诮。』杜子美绝句云：『侧生野岸及江蒲，不熟丹宫满玉壶。』讳荔枝为侧生，虽本之左思张九龄，然以时事不欲直道也。黄山谷题《杨妃病齿》云：『多食侧生，损其左车。』则又好奇故耳。

其实侧生乃对旁挺，岂可代表荔枝？这也可见前人之爱好卖弄文字，以致极通俗的名词，也改为极生僻的了。

与荔枝相似的有“龙眼”，今多称为“桂圆”。言龙眼是说它实的形状像龙眼，因此也有称为“龙目”或“比目”的，见《吴普本草》。桂圆则古无是称，桂当指桂海，古以南海有桂，故称为桂海，圆亦就形状而言。此外又有“益智”“荔枝奴”“木弹”等之称，如明李时珍《本草纲目》云：

『龙眼』『龙目』，象形也。《吴普本草》谓之『龙目』，又曰『比目』。曹宪《博雅》谓之『益智』。……马志曰：『甘味归脾，能益人智，故名益智，非今之益智子也。』苏颂曰：『荔枝才过，龙眼即熟，故南人目为荔枝奴；又名木弹。晒干寄远，北人以为佳果，目为亚荔枝。』

因为有益智的说法，所以今人视龙眼为果中补品，实较荔枝为重视。诚如李时珍所说："食品以荔枝为贵，而资益则龙眼为良，盖荔枝性热，而龙眼性和平也。"然在古代，则龙眼实不为人所屑道，如苏轼《评荔枝龙眼说》云：

闽越人高荔枝而下龙眼，吾为评之。荔枝如食蝤蛑大蟹，斫雪流膏，一啖可饱；龙眼如食彭越石蟹，嚼啮久之，了无所得。然酒阑口爽餍饱之余，则咂啄之味，石蟹有时胜蝤蛑也。

此虽为龙眼解嘲，其品实不及荔枝。又明宋珏《荔枝谱》中有云：

侧生见重于世，诗赋歌咏，连篇累牍，独旁挺寥寥，何也？岂以色香顿殊，味亦远逊，遂尔见轻耶？然圆若骊珠，赤若金丸，肉似玻璃，核如黑漆，补精益髓，蠲渴扶饥，美颜色，润肌肤，种种功效，不可枚举；至于寄远广贩，坐贾行商，利反倍于荔枝，则龙目何可贬也？至若耳食之夫，以荔热伤人，龙目大补，反欲昂此轻彼，则婢学夫人，不觉膝自屈矣。

此其意虽为龙眼张目，然结论还是舍不得荔枝的。可是龙眼之被人重视，也是后来的事。今则福建兴化所出，最负盛名，而品则又有三全、正贰、大泡等等之分，以三全为最上，大泡为最下云。

**图书在版编目（CIP）数据**

谷蔬瓜果：小精装校订本／杨荫深编著. —上海：上海辞书出版社，2020
（事物掌故丛谈）
ISBN 978-7-5326-5594-6

Ⅰ.①谷… Ⅱ.①杨… Ⅲ.①杂粮－介绍－中国②蔬菜－介绍－中国③水果－介绍－中国 Ⅳ.①S51②S63③S66

中国版本图书馆CIP数据核字（2020）第100235号

事物掌故丛谈

**谷蔬瓜果（小精装校订本）**

**杨荫深　编著**

题　　签　邓　明　篆　　刻　潘方尔
绘　　画　赵澄襄　英　　译　秦　悦

策划统筹　朱志凌　责任编辑　李婉青　特约编辑　徐　盼
整体设计　赵　瑾　版式设计　姜　明　技术编辑　楼微雯

出版发行　上海世纪出版集团
　　　　　上海辞书出版社（www.cishu.com.cn）
地　　址　上海市陕西北路457号（邮编　200040）
印　　刷　上海雅昌艺术印刷有限公司
开　　本　889×1194毫米　1/32
印　　张　6.5
插　　页　4
字　　数　86 000
版　　次　2020年8月第1版　2020年8月第1次印刷
书　　号　ISBN 978-7-5326-5594-6/S・9
定　　价　49.80元